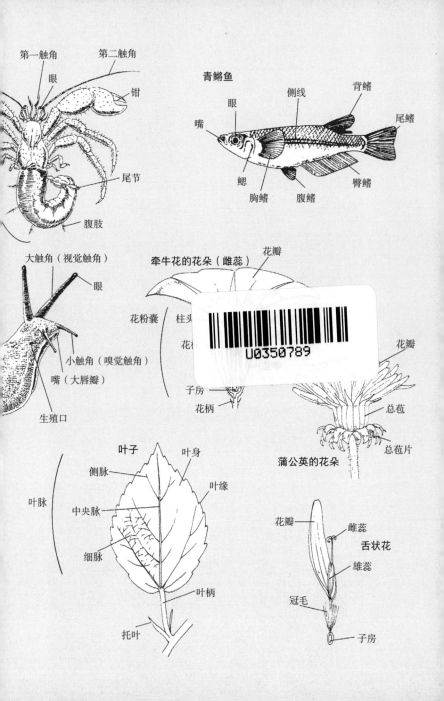

第一触角　第二触角
眼
钳
尾节
腹肢

青鳉鱼
嘴　眼　侧线　背鳍　尾鳍
鳃　胸鳍　腹鳍　臀鳍

大触角（视觉触角）
眼
花粉囊　柱头
小触角（嗅觉触角）
嘴（大唇瓣）
生殖口

牵牛花的花朵（雌蕊）
花瓣
子房
花柄

花瓣
总苞
总苞片
蒲公英的花朵

叶子
侧脉　叶身
叶缘
中央脉
叶脉
细脉
叶柄
托叶

花瓣
雌蕊
舌状花
雄蕊
冠毛
子房

后浪出版公司

趣味实验图鉴

[日]有泽重雄 著　[日]月本佳代美 绘　黄宝虹 译

四川人民出版社

前　言

二月的某一天，为了确认某本图鉴中所写的"胡麻斑蝶的幼虫在落叶的背面过冬"，我来到叶子掉落的朴树下。

我翻开落在树根旁的叶子，真的有幼虫！附在叶子上默默过冬的幼虫看起来十分健康。想着可以在放大镜下进行观察，我把裹有幼虫的叶子放在卫生间，然后又去外面找其他的叶子。再次回来后，我发现幼虫的位置发生了变化。本以为天气寒冷，幼虫应该不会移动，这可真是意外的发现啊。因为这个新发现，我觉得这一趟研究很值得。

我提这件事是想说明以下两点：第一，通过自己的确认，能发现书本里没有写到的重要的东西；第二，趣味实验不仅是夏天的课题，冬天也可以进行。甚至可以说，趣味实验与季节无关。

小学时代，趣味实验就是制作动植物标本之类的事情。虽然课堂上的情形我已记不太清，但是采集昆虫、晒干植物标本、用报纸干燥标本等细节，我都还记忆犹新。

我们身边有许多奇妙的事情。保持好奇心，自发地思考、研究，也许会收获意想不到的惊喜和感动，收获学校的学习生活中所得不到的乐趣。

做实验，重在尝试。尝试过后，你一定会有许多奇妙的发现，而这些发现都将成为你珍贵的精神财富。

你是哪种类型?

3

一天能完成的趣味实验

观察水黾的足部
→ 128 页

观察蝉的羽化过程
→ 136 页

蔬菜的食用部分是植物的哪个部分?
→ 218 页

观察寄居蟹"搬家"
→ 168 页

观察植物在冬季的状态
→ 224 页

考察地震的液化现象
→ 248 页

小石头标本的制作
→ 120 页

会留下多少垃圾?
→ 296 页

图画文字和记号的研究
→ 262 页

观察庭院里的杂草
→ 204 页

一周能完成的趣味实验

跃跃欲试·

三分钟热度的我也能轻松完成！

叶脉标本的制作
→ 106 页

收集猫身花纹的素描
→ 260 页

研究蜗牛
喜欢的环境
→ 154 页

观察牵牛花藤的缠绕方式
→ 190 页

考察行道树的作用
→ 276 页

制作石蕊试纸
→ 230 页

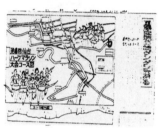

考察国际友好城市
→ 292 页

从车站便当中考察土特产
→ 308 页

考察印有人物
照片的商品
→ 304 页

考察子叶的作用
→ 210 页

需要持之以恒的趣味实验

持之以恒做自己喜欢的事情，很快乐。

好嘞，制订计划！

收集漂流物
→ 300 页

观察向日葵根、茎、叶的生长
→ 200 页

考察凤蝶幼虫的食量
→ 132 页

考察土壤中的生物
→ 160 页

观察燕子育雏
→172 页

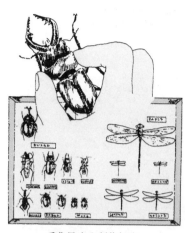
采集昆虫和制作标本
→74 页

采集植物和制作标本
→94 页

马铃薯的食用部分是茎吗?
→214 页

考察节日
→306 页

描画月球形貌
→242 页

9

与朋友一起进行的趣味实验

叫上小佳和小亚一起吧!

观察蝉蜕
→ 138 页

我所在的城镇宜居吗?
→ 272 页

探索"会飞的种子"的秘密
→ 222 页

向日葵的成长全记录
→ 194 页

检查手的卫生状况
→ 234 页

考察大豆的自给率
→ 288 页

检测酸雨
→ 238 页

考察手语
→ 284 页

实际感受保护色的作用
→ 176 页

受益一生的趣味实验

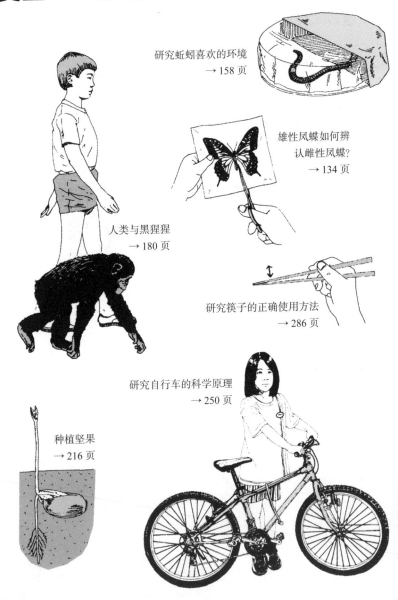

研究蚯蚓喜欢的环境
→ 158 页

雄性凤蝶如何辨
认雌性凤蝶?
→ 134 页

人类与黑猩猩
→ 180 页

研究筷子的正确使用方法
→ 286 页

研究自行车的科学原理
→ 250 页

种植坚果
→ 216 页

目 录

研究的基本常识
研究的进行方法和总结方法

饲养与栽培
饲养方法和培育方法

自　然

探索自然界中的课题

研究的基本常识

研究的进行方法和总结方法

课题的寻找方法

　　趣味实验最困难的一步其实是课题的选择。正确的做法是从日常生活中自己认为奇妙的，或者自己感兴趣的事情中选取。也可以通过参观博物馆或者科技馆寻找灵感。找到课题后就可以着手准备材料了，准备时尽量不要让父母帮忙。

　　你可能会产生这样的想法：几乎所有的课题都被研究过了，书中尽是些已知

从身边的事物、感兴趣的事物开始寻找

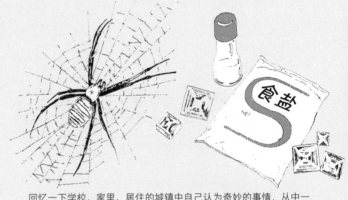

回忆一下学校、家里、居住的城镇中自己认为奇妙的事情，从中一定能找到课题。请从自己感兴趣的事物入手吧。

缩小研究范围

藤蔓的运动

牵牛花

开花

生长

即便只以牵牛花为研究对象，也可以有几个不同的主题。
这种情况下，将主题缩小会更易于研究的进行，也易于明确研究目的。

的内容。其实，未知的事情还是有很多的。

　　如果你真找不到课题，也可以参考书中介绍的内容进行研究，实际操作之后会发现许多自己意想不到的点。这样的趣味实验也是成功的。

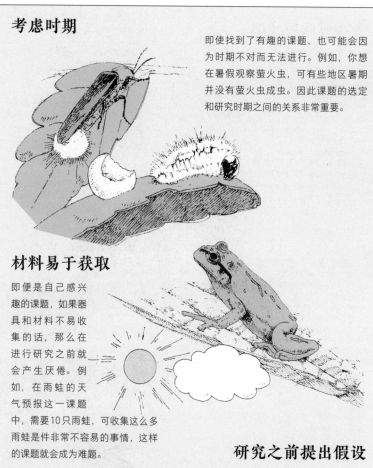

考虑时期

即使找到了有趣的课题，也可能会因为时期不对而无法进行。例如，你想在暑假观察萤火虫，可有些地区暑期并没有萤火虫成虫。因此课题的选定和研究时期之间的关系非常重要。

材料易于获取

即便是自己感兴趣的课题，如果器具和材料不易收集的话，那么在进行研究之前就会产生厌倦。例如，在雨蛙的天气预报这一课题中，需要10只雨蛙，可收集这么多雨蛙是件非常不容易的事情，这样的课题就会成为难题。

研究之前提出假设

一旦选择自己认为奇妙的或有兴趣的课题，在开始观察或者进行实验之前，要对为什么会产生这样的结论提出假设。这样做，不仅有利于实验和观察，也便于与实际结果进行对照。

制订计划

趣味实验需要找到课题，准备必要的器具和材料，做好实验与观察，最后还要进行总结，这需要耐心和许多时间。即便是很有趣的课题，如果没有在限定时期内完成，就会成为无意义的项目。

假设你想观察记录牵牛花的生长状况，从播种、开花到结出果实至少需要3

考虑时间的分配

无论你选择什么样的课题，趣味实验都需要时间和耐心。生物的成长记录，也需要考虑季节，因此哪个项目需要多少时间，都需要对照日历安排时间。

个月的时间，那么最迟也得在5月播种，否则暑假期间无法对牵牛花进行观察。另外，如有计划与家人外出旅行，就将无法记录每天的气温，也无法照料植物。

充分考虑各种因素，在自己力所能及的范围内制订出较为灵活的计划。

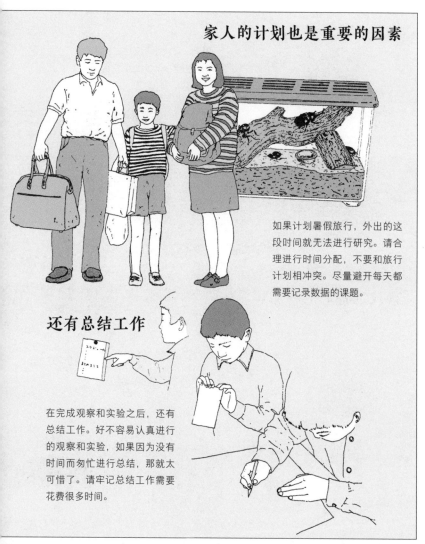

家人的计划也是重要的因素

如果计划暑假旅行，外出的这段时间就无法进行研究。请合理进行时间分配，不要和旅行计划相冲突。尽量避开每天都需要记录数据的课题。

还有总结工作

在完成观察和实验之后，还有总结工作。好不容易认真进行的观察和实验，如果因为没有时间而匆忙进行总结，那就太可惜了。请牢记总结工作需要花费很多时间。

器具、材料等物品的准备

关于自然的实验和观察，大多需要许多器具和材料。实验开始之后，经常会发生器材缺失的情况。所以考虑好自己想研究的课题后，要将器具和材料准备好。靠自己的力量难以准备好的器具或材料，可以跟家长或老师商量对策。最后请检查是否有遗漏。

寻找器具、材料等

器具、材料等可以在五金店里找，也可以翻阅电话簿打电话寻找。

确认准备好的物品

准备好的物品一定要进行检查确认。如果没有准备好，就会发生无法记录重要瞬间的情况。

另外，植物、昆虫在研究期间是有可能枯萎或者死去的。花了很长时间进行的观察或实验，遇到这样的情况就只能重做了。如果是有必要从播种开始或是从幼虫开始的研究，有可能出现暑期结束前还没有开花或者错过了幼虫生长期之类的情况。所以，以生物为研究对象时，最好准备多套材料，以避免这类失败。

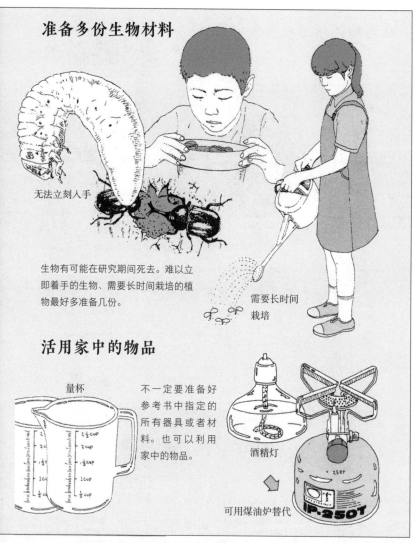

准备多份生物材料

无法立刻入手

生物有可能在研究期间死去。难以立即着手的生物、需要长时间栽培的植物最好多准备几份。

需要长时间栽培

活用家中的物品

量杯

不一定要准备好参考书中指定的所有器具或者材料。也可以利用家中的物品。

酒精灯

可用煤油炉替代

去博物馆、科学馆考察

　　已经确定趣味实验课题的人，以及正受该做什么研究困扰的人，都可以去博物馆、科技馆看看，一定能获得一些启发。博物馆、科技馆的地址，可以在博物馆指南册或城镇电话簿中查到。

　　你可以参观展示品并描绘出来，或到资料室查阅参考书和资料，比起图书馆，

在博物馆指南或黄页中寻找

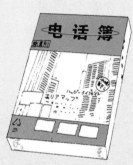

博物馆或科技馆的地址要在博物馆指南或城镇电话簿中寻找。有各种不同学科的博物馆。

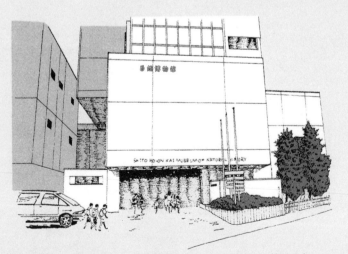

很多博物馆、科技馆会在星期一和节日第二天闭馆，须了解是否开馆后再去。

这里符合课题的书更多。当实验中遇到问题，或遇到不了解名字的昆虫、石头时，也可以到博物馆、科技馆询问。

不习惯一个人做实验的人，可以参加在暑期举办的观察会、体验班等，尝试会上的课题。

观看展示物品

展示品一般按主题分类陈列，可以仔细观看，有可能发现好的趣味实验课题。

也要利用资料室

如果有资料室、读书室的话，请一定要利用。比起图书馆，在这里会更容易找到你需要的书。

参加观察会、体验班等

暑假期间，面向中小学生的观察会、体验班等也有趣味实验，但大多时候需要预约，请事先询问清楚。

在图书馆查找参考资料

实验课题未确定，或课题确定后想找参考书时，可以去图书馆查阅。首先要在图书馆办借阅证，在申请表上填写地址、姓名、电话号码、所在学校后，就能办卡借书。图书馆中有面向儿童的图书区、面向一般读者的图书区和放置百科全书或报刊资料的参考图书室。

办理借阅证

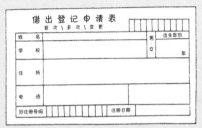

在申请表上填写地址、姓名等必要信息，交给借阅处工作人员后就能办理图书卡。

按类别排列的书

在同一类别的书架上查找一下。借两三本同样内容的书对照阅读，更容易理解书中的内容。

去儿童图书区看看。那里分类摆放着地球、人体、历史、社会等类别的书籍。如果找不到自己想要的书，可以使用检索卡或电脑进行查询。使用电脑时可以按照书名、内容、作者进行检索。如果有不懂的地方，可以向有关人员咨询，他们一定会亲切地告诉你的。

用电脑查询

有些图书馆可以用电脑检索。可以按书名、内容、作者进行查询。

1. 书名
2. 作者名
3. 主题
4.
5.

利用图书室

杉井区　多摩特别区

图书室中陈列着百科全书、图鉴、年鉴、旧报刊、地方志等。这里的书籍不能外借，如有需要，可以复印。近期发行的报纸被整装成册，日期较早的则被整理成缩印版，可以根据书脊上的年份、月份进行查找。

图鉴的使用方法

如果你会使用图鉴,那么制作与观察标本就会非常简单。图鉴也分很多类别,了解每种图鉴的特点并熟练使用它吧。

图鉴一般分为以分类为依据的图鉴、以生物的生态状况为依据的图鉴和生物分类与生态状况兼有的图鉴。

辨别图鉴的内容

生物的图鉴可分为以分类为依据、以生态为依据以及以生态和分类为依据三类。要辨别清楚图鉴的内容。

以分类为依据

以生态为依据

这里推荐《昆虫记》《植物记》《海中记》《野鸟记》《花儿的寻虫记》《不同场所的昆虫探寻》等书。

按使用方法进行选择

即便是内容相同的图鉴,也分有在田野考察中使用的图鉴和在家中进行研究时使用的图鉴。请根据使用方法进行选择。

另外，同样以分类为依据的图鉴，也会有各种不同的规格。有在田野调查时使用的手册大小的图鉴，有可在家中使用的桌面大小的图鉴，也有分多册装订的专业图鉴。

检索方法也一样各不相同。例如，植物图鉴中按开花季节、花的颜色、花的产地、科属等，分有许多检索方法。

检索方法也不尽相同

（以植物图鉴为例）

季节＋地点

季节

植物、昆虫等无法立刻用名称检索出来，要慢慢缩小候选名称的范围。比如植物图鉴，其方法就是按季节、地点、花的颜色等进行检索。为了检索到自己需要的图鉴，要辨别清楚从哪个方法入手。

季节＋地点＋花的颜色

科属

以目、科等为检索手段的图鉴，如果不理解目、科的特点，就无法使用。

观察与实验的条件

　　要考察客厅与玄关哪里更凉快，假设上午10点你用温度计测量了客厅的温度，而玄关的温度则是在第二天同一时刻才测量，这样的比较就失去了意义。像这样在观察或实验中通过改变条件对两个及两个以上的元素进行对比时，只能有一个变量。

比较类观察或实验中只能有一个变量

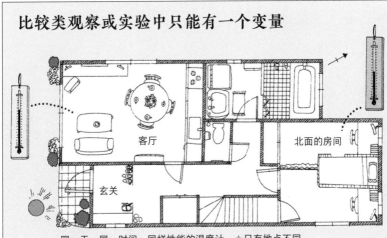

客厅

北面的房间

玄关

・同一天、同一时间、同样性能的温度计　　☆只有地点不同

观察或实验前须考虑周到。

注意不要掺杂其他变量

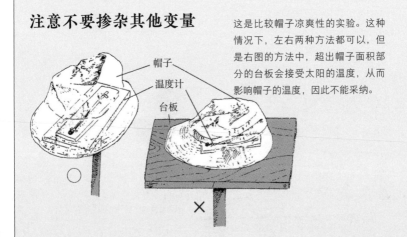

帽子

温度计

台板

这是比较帽子凉爽性的实验。这种情况下，左右两种方法都可以，但是右图的方法中，超出帽子面积部分的台板会接受太阳的温度，从而影响帽子的温度，因此不能采纳。

观察或实验不能只做一次而是应该进行多次尝试，取其平均值；或者是不止观察一个而是同时观察多个实验对象。只做一次实验或只有一个实验对象得出的结果具有偶然性，尤其是以生物为对象进行的观察或实验中经常会出现偏差。

另外，对植物的生长、月球的运动之类的观察，如果没有在统一位置进行，就无法得到正确的结果。

观察或实验要反复尝试

只进行一次观察或实验，出现的结果具有偶然性。应当进行多次观察或实验，或者同时进行多组相同的观察或实验，取其平均值。

观察植物活动时的注意点

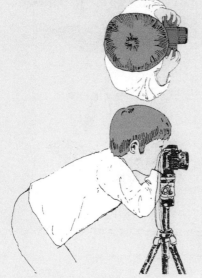

同一位置

同一高度

如果观察的位置不对就无法获知植物的正确活动。因此，要在同一位置、同一高度进行观察。

观察笔记、观察卡的使用方法

当场记录观察实验的结果非常重要。观察笔记、观察卡并没有特殊规定，根据自己的情况选择方便使用的即可。需要的文具：铅笔、橡皮，如果有6支不同颜色的铅笔就更好了。

观察日记的左侧记录基本信息和注意事项，右侧用于速写或绘画，这样后

观察笔记

观察笔记的左侧除了记录日期、时间、地点、温度及天气情况外，也要记录自己认为值得注意的事项；右侧则用于进行速写或者绘图。留出一些空白位置以便日后补充书写。

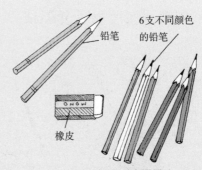

6支不同颜色的铅笔

铅笔

橡皮

左侧是笔记。　　　　　　　　　　　　右侧是图示。

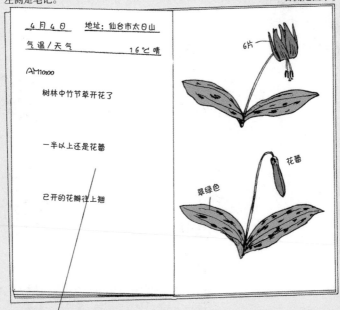

留出一些空白位置以便日后补充书写。

期总结时易于阅读。如果事先绘出符合自己研究内容的记录栏，那么在观察过程中则只需要记录要点，这样既快速又方便。如果需要多张相同的卡片，复印即可。

回到家后，要重新看一遍当天的观察日记，检查是否有遗漏或者书写错误。有些自以为记住的事情其实很快就会遗忘，连自己写的字都看不懂的情况也时有发生。

观察卡

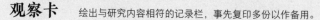 绘出与研究内容相符的记录栏，事先复印多份以作备用。

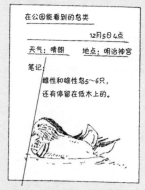

做出必要的填写栏并复印多份。

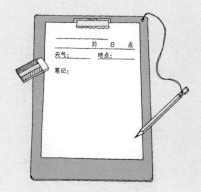

夹在文件夹上以便书写。

要在当天重新阅读

做好的观察笔记或者是观察卡要在当天重读，这样可以补充内容或改正错误。之后再读，经常会出现遗忘或者辨认不出自己字迹的情况。

采访的基本条件

　　要采访他人或者做问卷调查时，要将自己的学校名称、年级、姓名、采访目的以及想问的内容等清晰地传达给对方。当然，应该避开对方忙碌的时候，这是基本的礼仪。

　　如果与人约了见面，必须事先确定见面的日期。小孩子不被当回事的情况

首先进行自我介绍

·学校名称、年级
·姓名
·目的

进行自我介绍后，开始采访。

对方忙碌的时候

不要在对方工作时或忙碌的时候进行采访。

请父母帮忙

通电话与他人约见时，可以请爸爸或妈妈帮忙。

也时有发生，这时可以请父亲或者母亲帮忙。

对他人进行当面采访时，要事前进行考察，总结有疑问的地方。事事都问的话，只会给他人带来困扰。

用书信的形式进行问卷调查时，应当将贴好邮票、用于回信的信封也随信寄出，以免失礼。

与他人见面前，先进行考察

见面时随性地提问题是不礼貌的。应该事先进行调查，并将问题总结出来。

用寄信的形式进行问卷调查

自我介绍的信件和调查问卷应该分开。一定要将写好自己地址、姓名并贴好邮票的用于对方回信的信封一并寄出。收到问卷后，记得寄出感谢信。

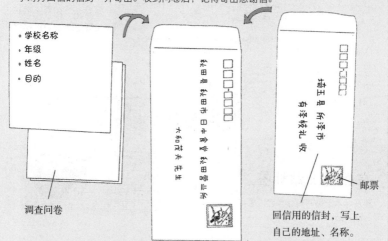

- 学校名称
- 年级
- 姓名
- 目的

调查问卷

秋田县 秋田市 日本食堂 秋田营业所
大和茂夫 先生

埼玉县 所泽市
自浮校礼 收

邮票

回信用的信封，写上自己的地址、名称。

总结 ①基本常识与形式

    观察实验结束之后，必须做总结工作。总结的目的是为了向他人传达自己的研究内容和结论，一般要涵盖以下四点：①动机（为什么研究）②研究方法③研究过程和结果④结论（明了的事情、不明了的事情）。

    还需考虑以什么形式进行总结。你可以在大张的模造纸上进行总结，也可

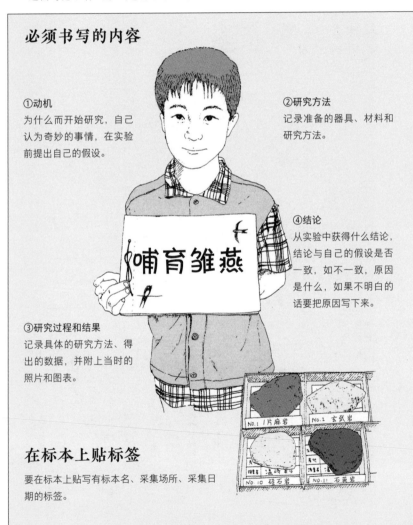

必须书写的内容

①动机
为什么而开始研究，自己认为奇妙的事情，在实验前提出自己的假设。

②研究方法
记录准备的器具、材料和研究方法。

④结论
从实验中获得什么结论，结论与自己的假设是否一致，如不一致，原因是什么，如果不明白的话要把原因写下来。

③研究过程和结果
记录具体的研究方法、得出的数据，并附上当时的照片和图表。

在标本上贴标签
要在标本上贴写有标本名、采集场所、采集日期的标签。

以在画纸上绘图并装订，或者做成相册、书册等，形式多样，只要便于阅读，哪种形式都可以。

标本类不需要记录制作动机，但是需要将标本有序地排列到箱中，然后在图鉴中附上写有考察内容的标签。

各种总结形式

各种各样的整理方式

笔记

素描本

模造纸

画纸

相册

总结 ②拟定标题的窍门

　　注意趣味实验总结部分的第一要点是简洁明了。

　　首先需要下功夫的是标题部分。为了让读者一眼就能明白你做的是什么研究，必须选一个简洁明了的标题。如果标题偏长，可以采用这样的方法：主标题简洁明了，用副标题进行补充说明。

选一个简洁明了的标题

标题应既精练又符合原文，而非笼统概括。

观察蝉　⇒　观察蝉的羽化

加入副标题

如果标题过长，或是内容难懂，最好加上副题。

燕子育雏　⇒　燕子育雏
　　　　　　　——燕子妈妈一天喂食几次

加入小标题

如果文章过长，会不易阅读。需要加上小标题。

得出的结论

从黄瓜开花到可以食用需要11天时间，它的果实一天能长1厘米左右，雨天则能长5厘米。黄瓜的花开了之后，很快就会凋谢，即使结出了果实，枯萎的花仍会挂在藤上。

得出的结论

●从开花到能食用需要11天
从黄瓜开花到可以食用需要11天时间，它的果实一天能长1厘米左右，下雨天则能长5厘米。
●花朵不容易掉落
花朵容易枯萎，但是长出果实后，枯萎的花仍会挂在藤上。

另外，如果研究内容写得过于冗长，读者也很难读懂。为了方便阅读，请加上小标题。小标题既可以方便阅读，又能对下文的内容起到提示作用。

区分标题、小标题与正文的颜色，使总结条理清晰。

如果内容过多，可附上篇章页，使标题突出。

总结要条理清晰

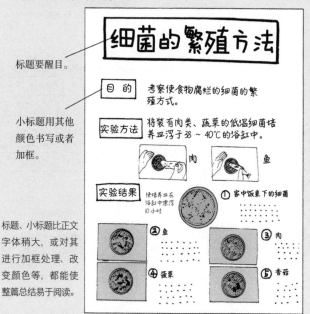

标题要醒目。

小标题用其他颜色书写或者加框。

标题、小标题比正文字体稍大，或对其进行加框处理、改变颜色等，都能使整篇总结易于阅读。

加上封面

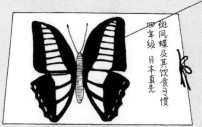

加入与内容相关的图片。

内容超过一张纸的话，可附上封面，写上标题。如果能加入与研究内容相关的图片或照片，作品会更加有趣。

总结 ③使用图表和照片

用文字说明昆虫的身体构造时，大致是以"雄性蝉的腹部以下，有一个叫音盖的器官，能振动出声"这样的语句进行下去。如果此处附上蝉腹部的插图或照片，就方便解释了。插图、照片能帮助读者更好地理解内容。而且，文章结构紧凑，能起到引发读者阅读兴趣的效果。

区分使用表格和统计图

实验对象的数量或实验次数、数量或次数的比较、数量或次数的变化，用表格或统计图呈现会一目了然。使用表格和统计图进行说明吧。

表格
需要比较很多项目时使用表格。

蜗牛15分钟移动的距离 （单位：厘米）

	第一次	第二次	第三次	第四次	平均
蜗牛A	23	30	57	7	约30
蜗牛B	38	27	22	18	约26
蜗牛C	15	6	12	17	约12.5
蜗牛D	35	48	60	30	约43

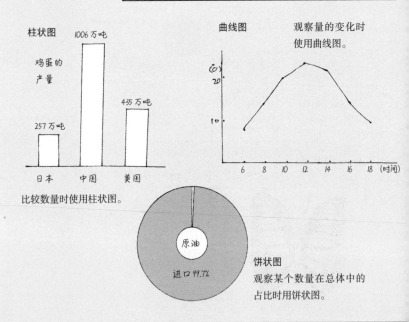

柱状图

鸡蛋的产量

1006万吨

435万吨

257万吨

日本　中国　美国

比较数量时使用柱状图。

曲线图　观察量的变化时使用曲线图。

6　8　10　12　14　16　18　(时间)

原油

进口99.7%

饼状图
观察某个数量在总体中的占比时用饼状图。

另外，插图或统计表也有同样的效果。"在蚁穴附近放置食物，15分钟后，白砂糖附近汇集了9只蚂蚁，肉类附近汇集了3只；30分钟后，白砂糖附近汇集20只，肉类附近汇集12只。"这种情况下，用表格或曲线图表达会一目了然。

一定要对照片、插图或者图表代表的内容进行说明。因为虽然制作表格的人知道内容，但第一次看图表的人并不一定能理解其中的意思。

照片的使用方法

有色彩的、会动的东西与东西之间的比较，以及物品制作等不容易通过画图呈现的，用照片说明更易于理解。

图的使用方法

图和照片的使用目的虽然相似，但是无法清晰看到的部分、用照片无法捕捉的细节，或体积较大的观察对象，用图表示的话更易于理解。另外，用照片无法表现出来的东西也可以用图来表示（透视图、缩略图等）。

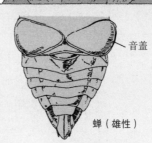

音盖

蝉（雄性）

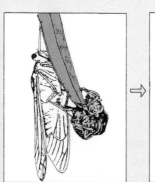 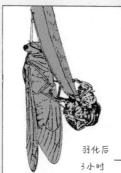

羽化后
3小时

附上说明

一定要对表格、统计图、插图、照片所要表达的内容进行说明。没有进行说明的话，第一次看到的人会感到一头雾水。

附上说明。

写出动机和结论，定下标题和小标题并准备好照片和图表后就可以进行操作了。在这里介绍用大型模造纸总结的方法。

立即往模造纸上书写是不行的。首先需要在笔记本大小的纸张上大致进行标题、文字、照片等内容的排版。这样可以使版面协调美观。按照这个排布，

先在笔记本大小的纸上进行排版

在较小的纸上可以合理布局，容易把握整体平衡。

将草图搬到模造纸上

用铅笔轻轻描画，把大致的排版描到模造纸上，之后再对细节进行调整。有些模造纸上会有淡淡的方格线。

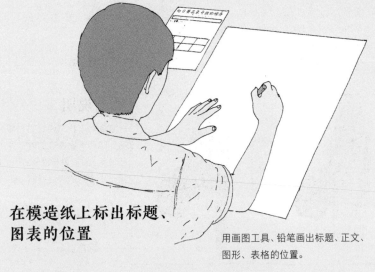

在模造纸上标出标题、图表的位置

用画图工具、铅笔画出标题、正文、图形、表格的位置。

用画图工具、铅笔在模造纸上画出标题、正文、图形、表格的位置。

确定好位置之后，用万能笔进行誊写、上色，再贴上照片就告一段落了。图片、表格等先放在其他纸上，之后再进行整理。

不仅用模造纸总结要这样处理，用其他形式总结也要考虑版面的结构和平衡。

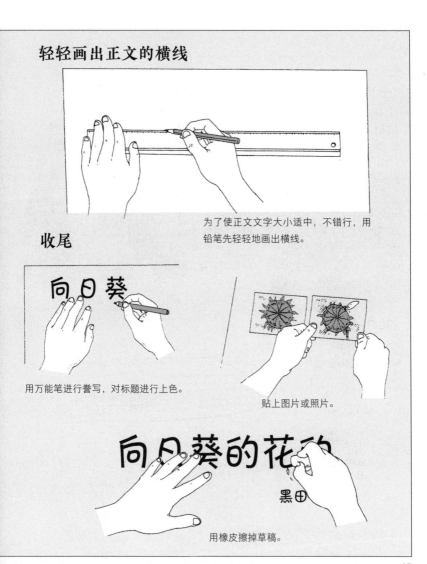

轻轻画出正文的横线

为了使正文文字大小适中，不错行，用铅笔先轻轻地画出横线。

收尾

用万能笔进行誊写，对标题进行上色。

贴上图片或照片。

用橡皮擦掉草稿。

复印的方法、引用资料的注意事项

在进行趣味实验时如果要用到参考书中的内容，或需要多张观察卡片，可以利用便利店、超市、文具店、图书馆的复印设备。

虽然直接在投币口投入硬币就能自助复印，但是复印图书馆资料时必须在复印申请表上填写自己的地址、姓名、资料的名称和需要复印的页码并获得许

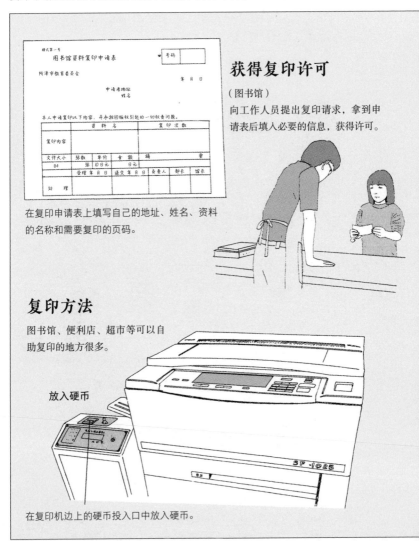

获得复印许可

（图书馆）

向工作人员提出复印请求，拿到申请表后填入必要的信息，获得许可。

在复印申请表上填写自己的地址、姓名、资料的名称和需要复印的页码。

复印方法

图书馆、便利店、超市等可以自助复印的地方很多。

放入硬币

在复印机边上的硬币投入口中放入硬币。

可后才能进行。图书馆中可以复印的书大多是不能带出馆的使用受限的藏书。

　　另外，绘有人物图的书籍、照片等不能随意使用。趣味实验的总结中用到的复印材料、参考书中直接引用的内容，要写明是从哪本书中引用过来的。

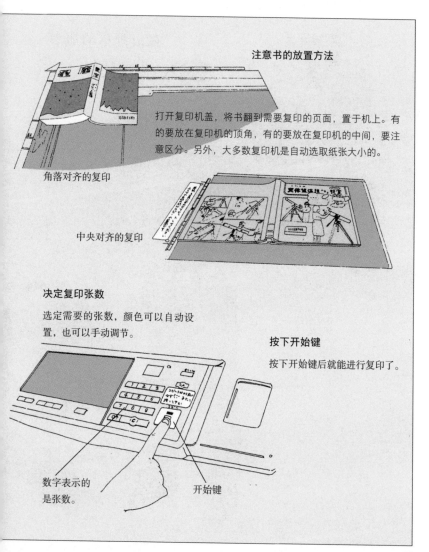

注意书的放置方法

打开复印机盖，将书翻到需要复印的页面，置于机上。有的要放在复印机的顶角，有的要放在复印机的中间，要注意区分。另外，大多数复印机是自动选取纸张大小的。

角落对齐的复印

中央对齐的复印

决定复印张数

选定需要的张数，颜色可以自动设置，也可以手动调节。

按下开始键

按下开始键后就能进行复印了。

数字表示的是张数。

开始键

夏季的野外着装及注意事项

为了避免在山上被蚊虫叮咬、树枝划伤，建议穿长袖衬衫和长裤，最好穿旧的运动鞋。另外，在户外有中暑、晒伤的危险，所以要带上鸭舌帽。

到了海边或河边，如果要下水，穿短裤和T恤也可以，为了预防中暑还是要带帽子。如果要在河边、水里或岩石上行走，穿旧运动鞋就不容易滑倒。另外，

在山野中的服装

钓鱼时穿的背心口袋很多，可以装各种小物品，十分方便。

帽子

长袖衬衫

长裤

水杯
小容量即可。

运动鞋

戴园艺手套能防止手被岩石割伤。

出门时要向家人交代要去的地方，什么时候回来。在野外很容易过度沉迷于研究，也容易钻牛角尖，钻牛角尖则会导致事故的发生。除此之外，未获得主人的许可，不要随意进入庄稼地等私人的场所。

在海边、河边的着装

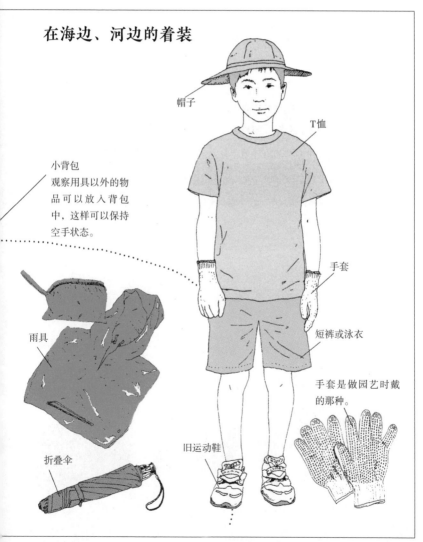

帽子

T恤

小背包
观察用具以外的物品可以放入背包中，这样可以保持空手状态。

手套

雨具

短裤或泳衣

手套是做园艺时戴的那种。

折叠伞

旧运动鞋

与父母一起进行研究

　　无法决定趣味实验的课题，决定了课题但不知道怎样进行研究，知道研究方法却缺少观察或实验的器具，因为这些问题无法开始进行研究而拖拖拉拉、得过且过好几天……趣味实验中最先遭受的挫折不正是这些情况吗？

　　这种时候应该先找父母商量，请他们帮忙。父母是最了解你性格的人，也是最了解你的课题是否能在家里进行的人。而且，他们也能告诉你怎样获得必备的器具、材料、药品等。

　　如果你暑假有外出计划，在离家期间，可以让父母帮忙进行研究。但是，如果什么都依赖父母的话，就失去做趣味实验的意义了。因此拜托父母帮忙时，要设置一个底线。

饲养与栽培

饲养方法和培育方法

独角仙的饲养方法

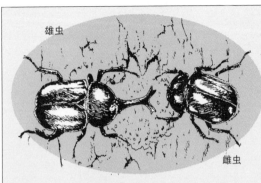

雄虫

雌虫

在7月至8月捕捉成虫

可在有树汁溢出的麻栎树或枹栎树上寻找，待夜晚或清晨捕捉。

成虫的饲养方法

放进饲养箱里饲养，每个饲养箱放一对独角仙，饲养箱尽量大一点。

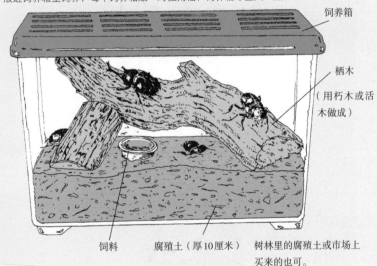

饲养箱

栖木
（用朽木或活木做成）

饲料　　腐殖土（厚10厘米）　　树林里的腐殖土或市场上买来的也可。

饲料

苹果

昆虫果冻

每两天给独角仙投喂一次饲料，如苹果、青菜或市售的昆虫果冻。
把饲料装在饲料盘里。

独角仙一般在深夜到清晨这段时间出现在树林里的栎树上。尽量将雄虫与雌虫一起饲养，使其产卵繁殖。

寻找虫卵

成虫死后，将饲养箱内的腐殖土倒在报纸上摊开，寻找虫卵。

发现虫卵后，将它转移到装有新腐殖土的盘子上，并不时用喷雾器打湿土壤。

腐殖土

报纸

新腐殖土

盘子

幼虫的饲养方法

饲养箱

幼虫

腐殖土（厚10厘米）

腐殖土下方的土壤厚10厘米，为虫蛹创造一个舒适的生长环境。

卵孵化后，将幼虫移到饲养箱进行饲养。当饲养箱中积满了幼虫的粪便时，更换腐殖土。

打小孔的塑料膜

杯子或者空瓶子

土壤

虫蛹

观察独角仙幼虫破蛹过程时，先往杯子或空瓶子里放入土壤，然后在土里挖个洞，把虫蛹放进洞里。

蝴蝶的饲养方法

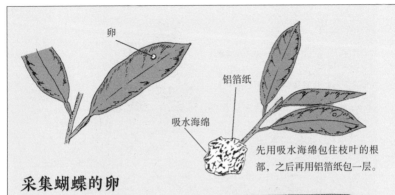

卵

铝箔纸

吸水海绵

先用吸水海绵包住枝叶的根部，之后再用铝箔纸包一层。

采集蝴蝶的卵

仔细观察叶子的背面，不难发现有许多虫卵，将整根枝叶都采集下来。

将包装好的枝叶放入试验皿中。幼虫长成成虫前可以一直放在这里。

幼虫长大后

脱皮后幼虫变大，食量也随之增加。这时应该把它转移到饲养箱中，并给它叶子更繁密的枝叶。

饲养箱

插入枝叶。

瓶子

水

铺上报纸。

从卵的阶段开始饲养蝴蝶直至其羽化。只要幼虫的食物（食草）不出错，每一种蝴蝶的饲养方法都是相同的。这里以凤蝶为例进行介绍。

蛹期

幼虫开始吃不下食物时，离化蛹也不远了。在瓶中插入栖木，为蝶蛹提供栖息的地方。

打开饲养箱的盖子。

插入栖木。

蛹

幼虫的食物（食草）

凤蝶的食物一般是柑橘、枸橘等芸香科植物的叶子。其他种类的蝴蝶的食物请在图鉴中查找。

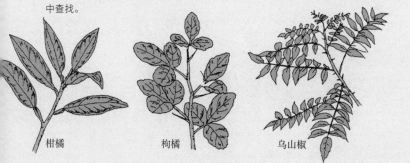

柑橘

枸橘

乌山椒

水黾、蜻蜓幼虫的饲养方法

水黾的饲养方法

水黾落入水中会溺死。在水槽中饲养水黾时，须在水槽中营造陆地环境以供水黾栖息。

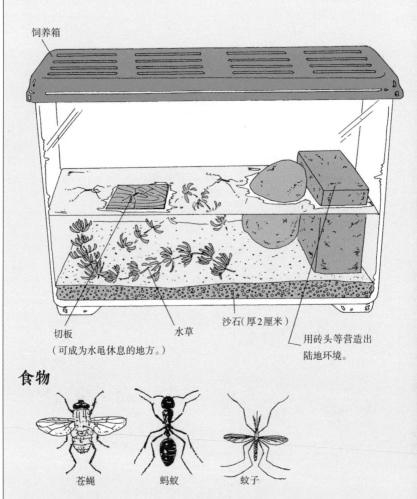

饲养箱

切板
（可成为水黾休息的地方。）

水草

沙石（厚2厘米）

用砖头等营造出
陆地环境。

食物

苍蝇

蚂蚁

蚊子

把食物（活的蚂蚁、苍蝇等）放入水中，水黾吸收的是蚂蚁、苍蝇的体液，所以要记得将蚂蚁、苍蝇的躯壳清理掉。

水虿和蜻蜓幼虫都是肉食性动物，只要定时投食，它们还是比较容易养活的。

蜻蜓幼虫的饲养方法

在水流湍急的地方生存的蜻蜓幼虫较难捕捉，所以要到池塘或稻田里采集。使用在水桶中放置一天的水，如果水脏了，倒掉一半后再更换干净的水。

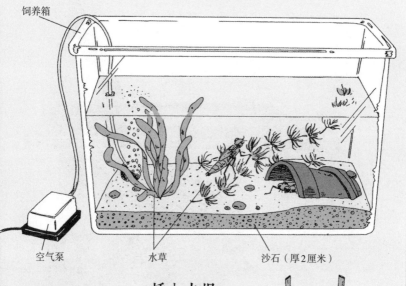

饲养箱

空气泵　　　水草　　　沙石（厚2厘米）

食物

蝌蚪

青鳉鱼

将蝌蚪或青鳉鱼与蜻蜓幼虫一起饲养，以供蜻蜓幼虫捕食，记住要及时清理饲养箱中的食物残渣。

插入木棍

即将羽化时，需在水中插入一些长度超出水面10厘米左右的木棍，作为昆虫羽化时的活动场所。

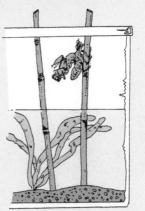

蜗牛、蚯蚓的饲养方法

蜗牛的饲养方法

每年的6月份，观察庭院中树木的叶片或叶柄，会发现蜗牛。饲养蜗牛最重要的一点是保持清洁，及时清理食物残渣和粪便。

喷水器
时常用喷水器往饲养箱里喷水，增加湿度。

饲养箱

沙石（厚5厘米）

水藓（厚1厘米）

藏身处
在水藓中插入瓦片或花盆碎片，可以制造蜗牛的藏身之所。

食物

胡萝卜

生菜

黄瓜或鱼干等

傍晚投食，第二天早晨收拾残留物。

蜗牛和蚯蚓虽然喜欢水，但过于潮湿也不行。所以，不要让土壤或沙石长出青苔。

蚯蚓的饲养方法

蚯蚓可以在有堆肥的地方和农田中采集，在土壤和腐殖土中很容易饲养。土壤干燥的话，用喷水瓶喷水可增加湿度。

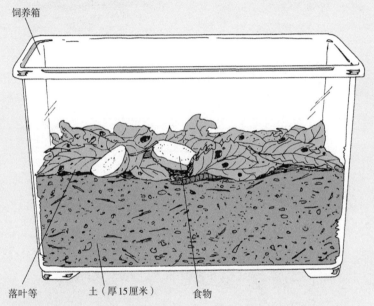

饲养箱

落叶等　　　土（厚15厘米）　　食物

在饲养箱中放入萝卜、胡萝卜等蔬菜的切片，注意在这些食物腐烂之前把它们清理掉。

让蚯蚓孵化

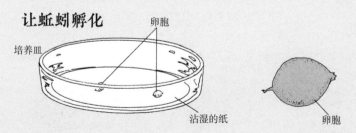

培养皿　　　卵胞

沾湿的纸　　　卵胞

在报纸上铺开从农田中采集的土壤，一边捣碎土块一边寻找卵胞（包着卵的细胞）。把卵胞放入铺了湿纸的培养皿中。时不时往培养皿中喷水，以增加湿气使蚯蚓孵化。

青鳉鱼的饲养方法

青鳉鱼的采集、饲养

雄性 腹鳍是平行四边形。

雌性 腹鳍是三角形。

河里或池塘中有成群的青鳉鱼，用渔网进行捕捞。雄性、雌性各5条。

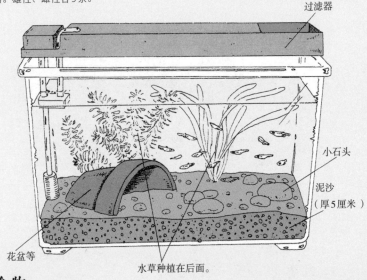

过滤器

小石头

泥沙
（厚5厘米）

花盆等

水草种植在后面。

食物

青鳉鱼是杂食动物，什么都能吃。每天清晨装一次水，分几次给水，注意水不能弄脏。

市售饲料

水煮蛋的蛋黄

水丝蚓

青鳉鱼是生命力很强的杂食性鱼类，很容易饲养。水温到达20度左右的时候，就会不断地产卵，试着让鱼卵孵化吧。

产卵后

水草

鱼卵

鱼卵

雌青鳉鱼将卵产在水草上，可以把整棵水草一起放入水槽中进行孵化。

小水槽

空气泵

制造饲养用水

将自来水中的氯离子去除后才能使用。每隔两三个月水槽换一次水，更换一半即可。

将装在水桶中的水在向阳处放置一天，氯离子就会析出。

氯离子中和剂

水桶

也可以在自来水中混入市售氯离子中和剂，除去氯离子。

牵牛花的培育方法

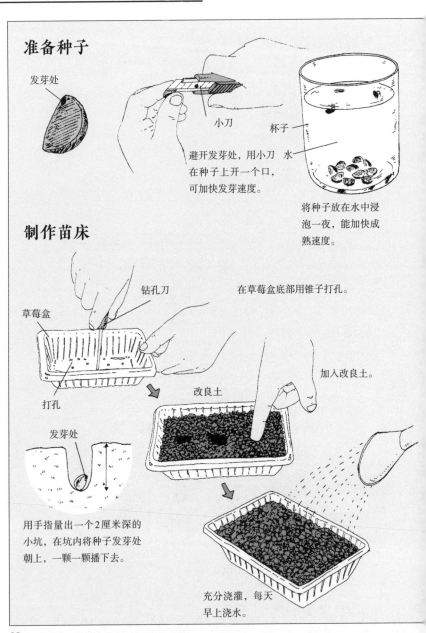

准备种子

发芽处

小刀

杯子

水

避开发芽处，用小刀在种子上开一个口，可加快发芽速度。

将种子放在水中浸泡一夜，能加快成熟速度。

制作苗床

钻孔刀

草莓盒

打孔

在草莓盒底部用锥子打孔。

改良土

加入改良土。

发芽处

用手指量出一个2厘米深的小坑，在坑内将种子发芽处朝上，一颗一颗播下去。

充分浇灌，每天早上浇水。

如果要在暑假进行牵牛花从种子到开花的实验，4月至5月间就要播种。种子可种在院子里，也可种在花盆里，种在花盆里比较便于实验的进行。

移植

长出两片叶子后，将幼苗连根移入花盆中，盆中土壤按改良土和腐殖土 1∶1 的比例配置，每天早晨浇水。

铁锹

改良土和腐殖土 1∶1

小石头
铁丝网

观察牵牛花的生长与藤蔓的延伸

观察牵牛花的生长和藤蔓的延伸时，可以在花盆旁边插一根小木棍，让牵牛花的藤蔓顺着木棍攀缘。

木棍

剪断

想让牵牛花多开花时

木棍

等叶子长出四五片时，牵牛花就会开花了，这时可对藤蔓进行摘心处理。因还会长出侧枝，所以插上木棍让其顺着木棍生长。

向日葵的培育方法

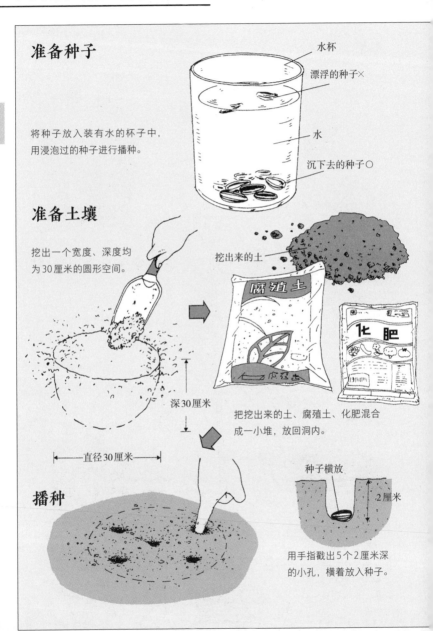

准备种子

水杯

漂浮的种子×

将种子放入装有水的杯子中，用浸泡过的种子进行播种。

水

沉下去的种子○

准备土壤

挖出一个宽度、深度均为30厘米的圆形空间。

挖出来的土

腐殖土

化肥

深30厘米

把挖出来的土、腐殖土、化肥混合成一小堆，放回洞内。

直径30厘米

播种

种子横放

2厘米

用手指戳出5个2厘米深的小孔，横着放入种子。

向日葵植株高大，所以不要在花盆中进行栽种。4月至5月左右，选择院子中阳光充足的地方进行播种。

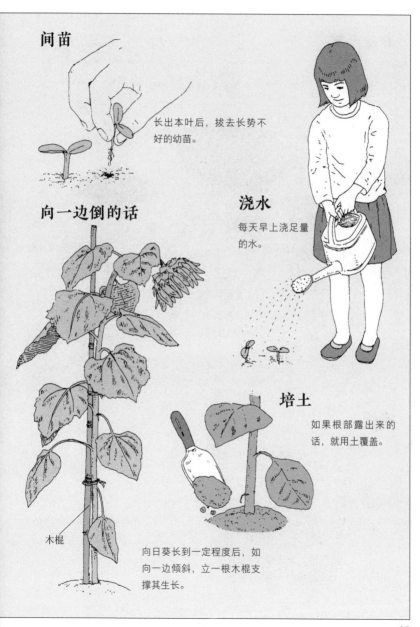

间苗

长出本叶后，拔去长势不好的幼苗。

向一边倒的话

木棍

向日葵长到一定程度后，如向一边倾斜，立一根木棍支撑其生长。

浇水

每天早上浇足量的水。

培土

如果根部露出来的话，就用土覆盖。

大豆的培育方法

准备土壤

赤玉土

塑料薄膜

苦土石灰

腐殖土

在塑料薄膜上将赤玉土、苦土石灰、腐殖土按照4:1:1的比例进行混合。

在混合后的土壤中加入一小把化肥。

播种

花盆

土

小石头

铁丝网

3～4颗种子

2厘米

在花盆深2厘米的地方播下3～4颗种子，浇足量的水。

选择夏大豆型种子。如在四五月份播种，经过两个半月左右就能收获了。但是如果想进行发芽、子叶及其生长实验的话可以在6～8月播种。

发芽后

用水稀释液体肥料，一周施一次肥（不用浇水）。

液体肥料

间苗

园艺剪刀

长出本叶后，把长势不好的幼苗除去。一个地方留2棵幼苗，进行培土，覆盖根部。

培土

施肥

腐殖土

大约1个月后，对幼苗施些许化肥，用腐殖土盖满根部。

马铃薯的培育方法

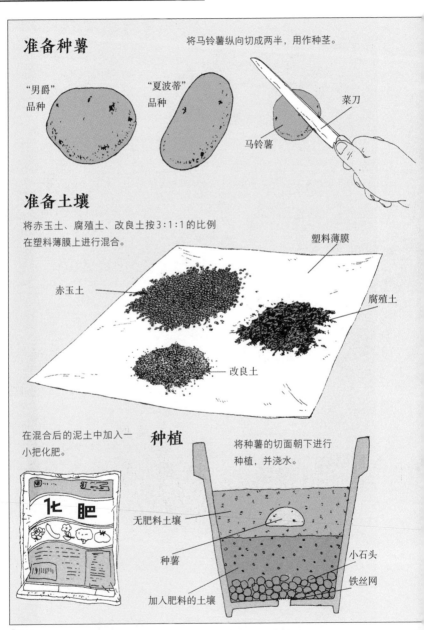

准备种薯

将马铃薯纵向切成两半，用作种茎。

"男爵"品种

"夏波蒂"品种

菜刀

马铃薯

准备土壤

将赤玉土、腐殖土、改良土按3:1:1的比例
在塑料薄膜上进行混合。

塑料薄膜

赤玉土

腐殖土

改良土

在混合后的泥土中加入一
小把化肥。

化肥

种植

将种薯的切面朝下进行
种植，并浇水。

无肥料土壤

种薯

小石头

铁丝网

加入肥料的土壤

想要收获马铃薯的话，需要在三四月间种植种薯。如果只是做实验，在5月份种植即可。

发芽后

种薯发芽后，盖上5厘米左右的无肥料土壤。

无肥料土壤

间苗

幼苗的芽长大一些后，只留下长势好的两棵幼苗，除去多余的幼苗。

覆盖无肥料的土壤

花盆里的泥土如果出现凹陷的话，用无肥料土壤填充。

水分和肥料

从种植种薯到梅雨季节这段时间，一周浇一次稀释过的液体肥料（不需要浇水）。梅雨季节过后，如果土壤过于干燥的话再浇水。

69

土壤和肥料

赤玉土

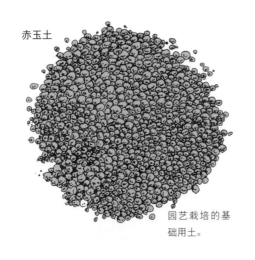

腐殖土

园艺栽培的基础用土。

轻石

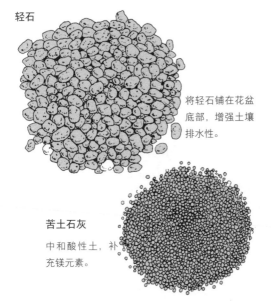

将轻石铺在花盆底部，增强土壤排水性。

化肥

化肥

苦土石灰

中和酸性土，补充镁元素。

包含植物生长必需的成分。

在花盆中栽培植物时，如果能配置出适合该植物所需的混合土的话，就成功了一半。再相应地施以所需的肥料。

没有混入杂草种子，所以适用于观察实验。

改良土

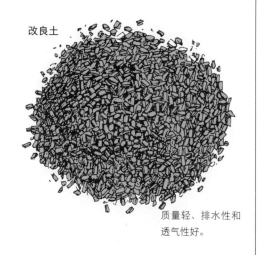

质量轻、排水性和透气性好。

混合土壤

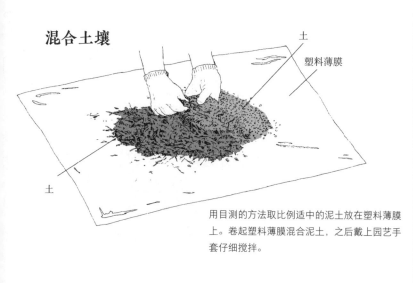

土

塑料薄膜

土

用目测的方法取比例适中的泥土放在塑料薄膜上。卷起塑料薄膜混合泥土，之后戴上园艺手套仔细搅拌。

饲养肉食动物是件辛苦活

这本书很少涉及饲养观察肉食动物的内容，因为饲养肉食动物相当不容易。

另一个原因是：如果所饲养的肉食动物的食物能用牛肉、猪肉等代替还算容易；然而像螳螂、雨蛙这类必须以活物为食的动物，需要每天为其寻找食物，因而可能无法对其进行跟踪观察。如果无须饲养，只对肉食动物进行短期实验或观察，实验结束后就将其放生，也可说是件易事。

饲养肉食动物是件辛苦活，但如果你还是想饲养并观察肉食动物，我的建议是，确保食物的新鲜度。食物应选择蚂蚁、蚜虫这类数量大且易于采集的生物。

可以采用下图的方法繁殖苍蝇。将香蕉放入瓶中，随后将瓶子置于阳台。香蕉会腐烂并引来苍蝇，苍蝇将卵产在香蕉上。苍蝇卵孵化成幼虫后，把瓶子放入饲养箱中，不断羽化的苍蝇幼虫即可成为肉食动物的食物。

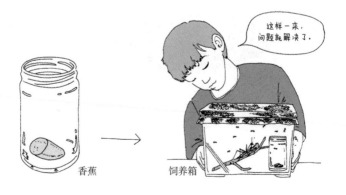

香蕉　　　　　　饲养箱

标本制作

制作标本的基本常识

采集昆虫和制作标本

①考察昆虫的栖息地

每种昆虫都有固定的栖息地。要想有效找到自己想采集的昆虫，首先要了解它们的栖息地。

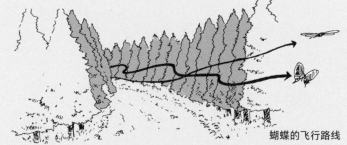

蝴蝶的飞行路线

通常情况下，蝴蝶有自己的飞行路线，可以试着观察。

农田

农田中的蔬菜对于昆虫而言是食物的天堂。在这儿可以找到纹白蝶。

路灯

夜晚，飞蛾会聚集在路灯周围。

草食性昆虫

大部分蝴蝶的幼虫会吃植物的叶片。在这些叶片上，会有很多蝴蝶幼虫或成虫。

采集昆虫时，如果将采集的地点、时间记录下来的话，做标本的标签时会很方便。

树液

杂树林中的橡树、栎树等树干中流出来的树液附近会聚集很多甲虫、蝴蝶与蜜蜂。

木材厂或枯树

放在木材厂的树木或者倒在树林中的枯木里会有天牛。

水边或水草里

很多昆虫会在水中产卵。它们会栖息在水边或水草里。

石头下面或草丛中

石块下面或草丛里，会有蟋蟀、团子虫和蚂蚁。

冬季的落叶下

即便是冬天，也应该去翻看一下落叶，蝴蝶幼虫和瓢虫会在落叶下过冬。

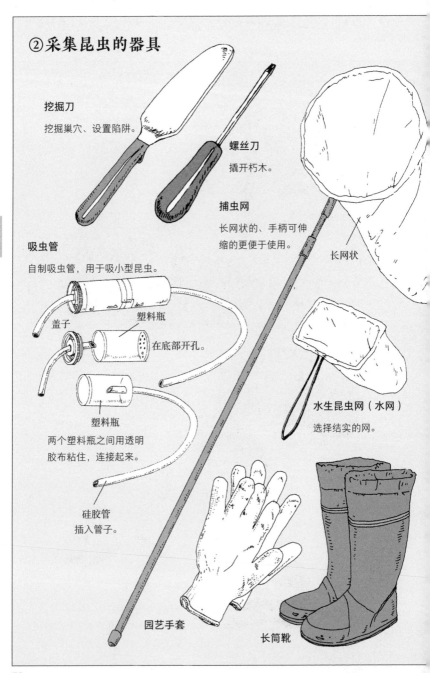

②采集昆虫的器具

挖掘刀

挖掘巢穴、设置陷阱。

螺丝刀

撬开朽木。

捕虫网

长网状的、手柄可伸缩的更便于使用。

长网状

吸虫管

自制吸虫管，用于吸小型昆虫。

盖子

塑料瓶

在底部开孔。

塑料瓶

两个塑料瓶之间用透明胶布粘住，连接起来。

硅胶管插入管子。

水生昆虫网（水网）

选择结实的网。

园艺手套

长筒靴

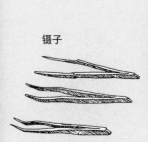

镊子

用于采集小昆虫，分大小，型号齐全。

饲养、采集箱

什么样的都可以，中间有间隔的使用更方便。

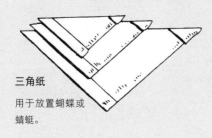

三角纸

用于放置蝴蝶或蜻蜓。

三角纸箱

穿上带子后可随身携带。

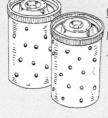

塑料瓶

用于装小昆虫，事先扎几个孔以使空气流通。

观察笔记

塑料袋

用于装水生昆虫。

观察笔记用具

在笔记本上记录下采集的时间和地点。

③使用捕虫网采集

飞行中的昆虫

备好捕虫网。

1.

选定目标后,迅速地用捕虫网罩住。

2.

地面上的昆虫

迅速地盖上捕虫网。

从网的底部向上提起捕虫网,让昆虫在网里飞。

对于行动迟缓的昆虫,则要从底部提起捕虫网慢慢地盖住它。

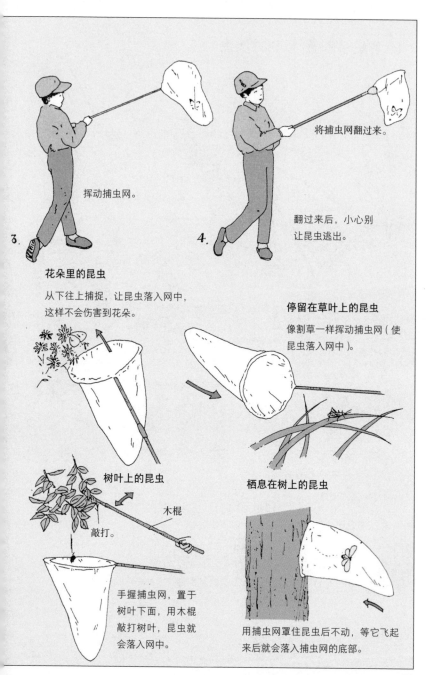

挥动捕虫网。

3.

将捕虫网翻过来。

翻过来后，小心别
让昆虫逃出。

4.

花朵里的昆虫

从下往上捕捉，让昆虫落入网中，
这样不会伤害到花朵。

停留在草叶上的昆虫

像割草一样挥动捕虫网（使
昆虫落入网中）。

树叶上的昆虫

木棍

敲打。

手握捕虫网，置于
树叶下面，用木棍
敲打树叶，昆虫就
会落入网中。

栖息在树上的昆虫

用捕虫网罩住昆虫后不动，等它飞起
来后就会落入捕虫网的底部。

④采集水面或水中的昆虫

在水草中打捞

用捕虫网在水草根部进行捕捞。

龙虱

诱饵（肉类食物）

用食物引诱

在捕虫网的底部放入肉类食物，将网放在水草附近，诱导肉食性昆虫入网。

绳子

诱饵（肉类食物）

陷阱

打结。

在如图所示的塑料瓶内装入诱饵后，把塑料瓶80%的部分浸入河中，可引诱肉食类昆虫自投罗网。

用网打捞

水黾

1.

用捕虫网迅速地罩住水面上的水黾。

2.

顺势搅水。

3.

捕捞水黾。

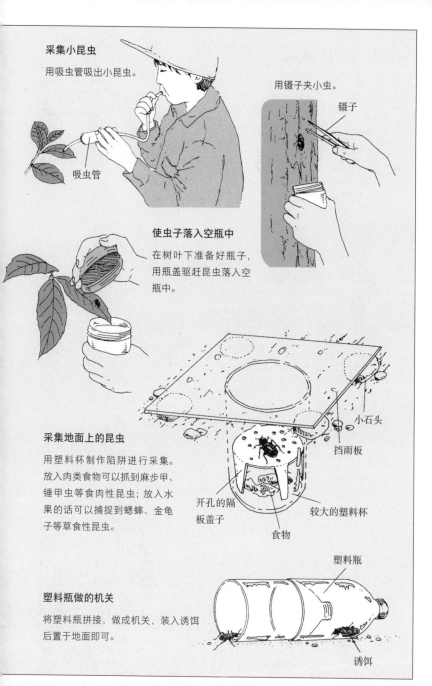

采集小昆虫

用吸虫管吸出小昆虫。

吸虫管

用镊子夹小虫。

镊子

使虫子落入空瓶中

在树叶下准备好瓶子，用瓶盖驱赶昆虫落入空瓶中。

采集地面上的昆虫

用塑料杯制作陷阱进行采集。放入肉类食物可以抓到麻步甲、锤甲虫等食肉性昆虫；放入水果的话可以捕捉到蟋蟀、金龟子等草食性昆虫。

小石头

挡雨板

开孔的隔板盖子

较大的塑料杯

食物

塑料瓶做的机关

将塑料瓶拼接，做成机关，装入诱饵后置于地面即可。

塑料瓶

诱饵

⑤朽木中的昆虫

用螺丝刀撬开朽木，可以发现天牛和吉丁虫的幼虫。

螺丝刀

在树木高处的昆虫

手触碰不到的昆虫，用力踢树干的话，就会掉落下来。

捕捉蝗虫

绳子

吊杆

木片

蝗虫

涂成黑色。

1厘米

1厘米

捆绑。

7厘米

木片

涂黑的木片容易钓到雌性蝗虫。

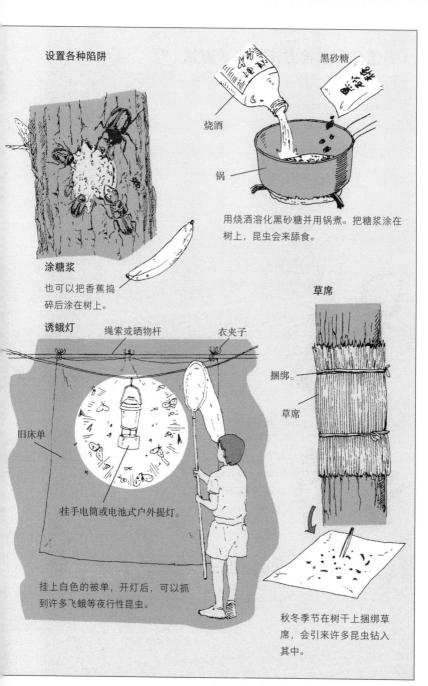

设置各种陷阱

黑砂糖

烧酒

锅

用烧酒溶化黑砂糖并用锅煮。把糖浆涂在树上，昆虫会来舔食。

涂糖浆

也可以把香蕉捣碎后涂在树上。

草席

捆绑。

草席

秋冬季节在树干上捆绑草席，会引来许多昆虫钻入其中。

诱蛾灯

绳索或晒物杆

衣夹子

旧床单

挂手电筒或电池式户外提灯。

挂上白色的被单，开灯后，可以抓到许多飞蛾等夜行性昆虫。

⑥昆虫的捕捉方法与携带方法

握住捕虫网的中间部分。

昆虫

抓住捕虫网的上方，翻转网面将昆虫倒入采集箱中。

甲虫类昆虫的捕捉方法则是弯曲手掌，握住其翅膀。

蜻蜓则是要同时抓住四片翅膀靠近根部的位置。

为了不让蝴蝶的鳞片掉落，抓蝴蝶要抓其胸部位置而非翅膀。

塑料小瓶

开孔

把小型昆虫放入塑料小瓶内。

塑料袋

开孔

水草

水生昆虫则和湿的水草一起放入塑料袋中。水不可太多，否则昆虫可能会溺亡。

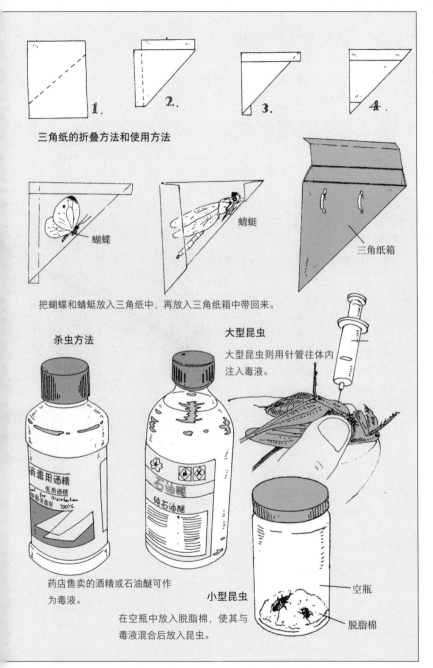

三角纸的折叠方法和使用方法

蝴蝶

蜻蜓

三角纸箱

把蝴蝶和蜻蜓放入三角纸中，再放入三角纸箱中带回来。

杀虫方法

大型昆虫

大型昆虫则用针管往体内注入毒液。

药毒用酒精
医用酒精
100ml

石油醚
纯石油醚

药店售卖的酒精或石油醚可作为毒液。

空瓶

脱脂棉

小型昆虫

在空瓶中放入脱脂棉，使其与毒液混合后放入昆虫。

⑦ 制作昆虫标本的器具

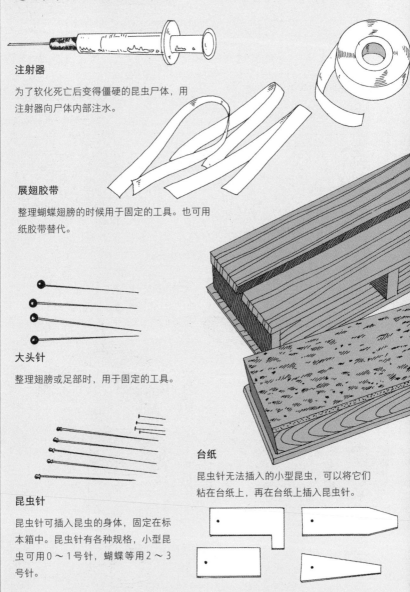

注射器

为了软化死亡后变得僵硬的昆虫尸体，用注射器向尸体内部注水。

展翅胶带

整理蝴蝶翅膀的时候用于固定的工具。也可用纸胶带替代。

大头针

整理翅膀或足部时，用于固定的工具。

昆虫针

昆虫针可插入昆虫的身体，固定在标本箱中。昆虫针有各种规格，小型昆虫可用0～1号针，蝴蝶等用2～3号针。

台纸

昆虫针无法插入的小型昆虫，可以将它们粘在台纸上，再在台纸上插入昆虫针。

带柄针

整理昆虫翅膀或足部时使用的工具。可用一次性筷子和缝纫针制作。

展翅板

整理蝴蝶翅膀的台架。

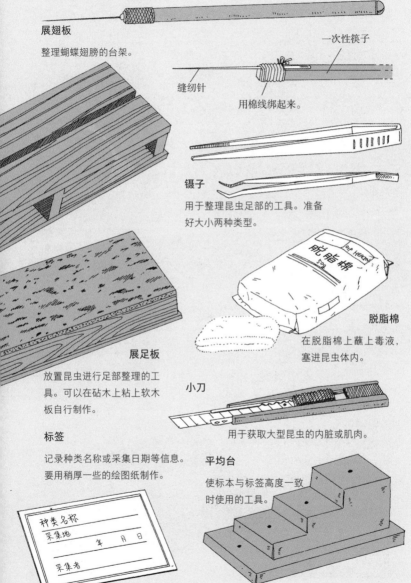

一次性筷子

缝纫针

用棉线绑起来。

镊子

用于整理昆虫足部的工具。准备
好大小两种类型。

脱脂棉

在脱脂棉上蘸上毒液，
塞进昆虫体内。

展足板

放置昆虫进行足部整理的工
具。可以在砧木上粘上软木
板自行制作。

小刀

用于获取大型昆虫的内脏或肌肉。

标签

记录种类名称或采集日期等信息。
要用稍厚一些的绘图纸制作。

种类名称

采集地

年　月　日

采集者

平均台

使标本与标签高度一致
时使用的工具。

⑧蝴蝶、飞蛾、蜻蜓等标本的制作

蝴蝶、飞蛾、蜻蜓等昆虫
标本需要展翅。使昆虫的
翅膀展开的工序叫作展翅。

插入昆虫针

注射器

水

昆虫针

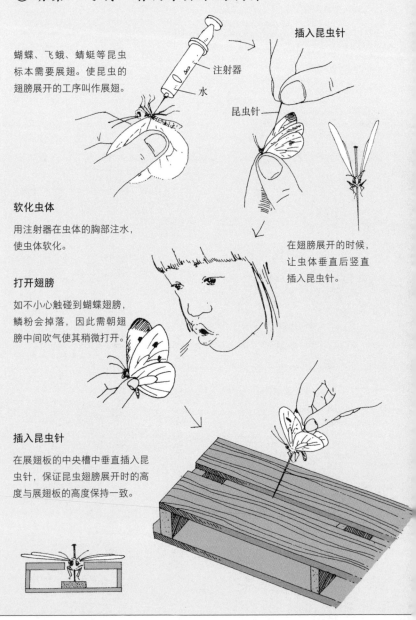

软化虫体

用注射器在虫体的胸部注水，
使虫体软化。

打开翅膀

如不小心触碰到蝴蝶翅膀，
鳞粉会掉落，因此需朝翅
膀中间吹气使其稍微打开。

在翅膀展开的时候，
让虫体垂直后竖直
插入昆虫针。

插入昆虫针

在展翅板的中央槽中垂直插入昆
虫针，保证昆虫翅膀展开时的高
度与展翅板的高度保持一致。

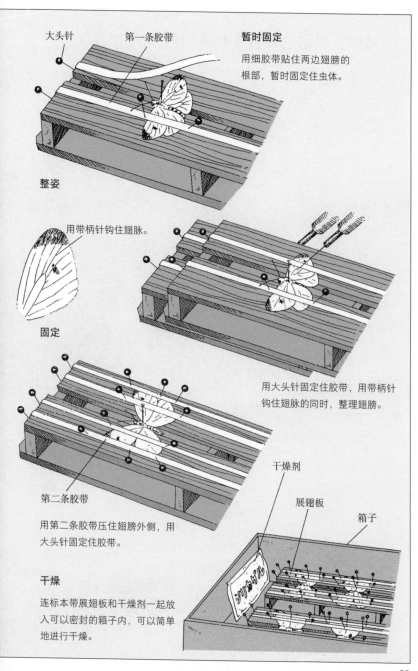

大头针　　　第一条胶带

暂时固定
用细胶带贴住两边翅膀的
根部，暂时固定住虫体。

整姿

用带柄针钩住翅脉。

固定

用大头针固定住胶带，用带柄针
钩住翅脉的同时，整理翅膀。

第二条胶带

用第二条胶带压住翅膀外侧，用
大头针固定住胶带。

干燥剂

展翅板

箱子

干燥
连标本带展翅板和干燥剂一起放
入可以密封的箱子内，可以简单
地进行干燥。

89

⑨蜻蜓、蝗虫、螳螂等标本的制作

切开腹部

小刀

1. 用小刀切开下腹部。

取出内脏

镊子

2. 用镊子取出内脏。

塞入脱脂棉

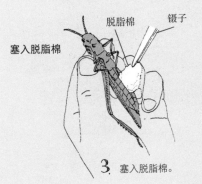

脱脂棉　镊子

3. 塞入脱脂棉。

用胶水黏合

胶水

4. 用胶水黏合切口。

蜻蜓、蝗虫、螳螂等昆虫因体型较大容易腐烂。在展翅之前要先将肌肉和内脏取出。

切开胸部取出肌肉。

稍微切开蜻蜓的胸部，用镊子取出肌肉。蜻蜓的腹部容易折断，所以须用竹篾穿过蜻蜓身体直至腹部末端。

小刀

竹篾

90

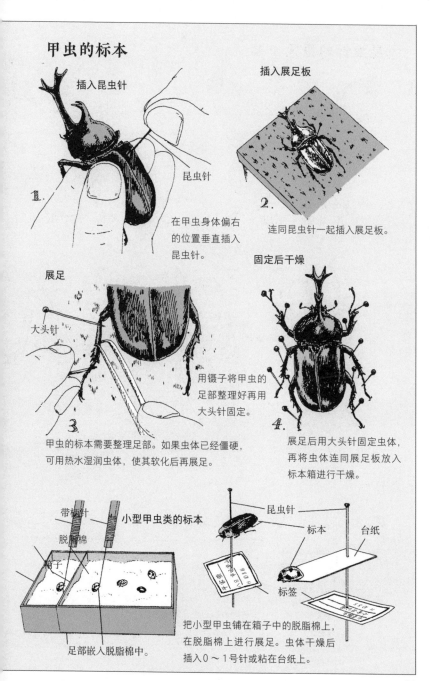

甲虫的标本

插入昆虫针

1. 在甲虫身体偏右的位置垂直插入昆虫针。

插入展足板

2. 连同昆虫针一起插入展足板。

展足

大头针

3. 甲虫的标本需要整理足部。如果虫体已经僵硬，可用热水湿润虫体，使其软化后再展足。

用镊子将甲虫的足部整理好再用大头针固定。

固定后干燥

4. 展足后用大头针固定虫体，再将虫体连同展足板放入标本箱进行干燥。

小型甲虫类的标本

带柄针

脱脂棉

箱子

足部嵌入脱脂棉中。

昆虫针

标本

台纸

标签

把小型甲虫铺在箱子中的脱脂棉上，在脱脂棉上进行展足。虫体干燥后插入0～1号针或粘在台纸上。

⑩昆虫针的位置

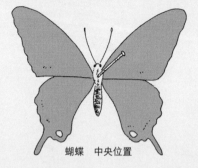

蝴蝶 中央位置

蜻蜓 中央位置

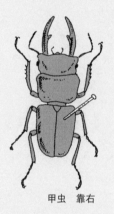

甲虫 靠右

蝉 靠右

蝗虫 侧面

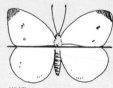

从侧面观察昆虫针，不管是哪种昆虫都应插在离针顶端三分之一的位置。

展翅方法

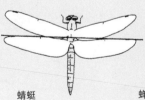

蝴蝶
蝴蝶前翅后缘要保持水平，与身体垂直。

蜻蜓
蜻蜓前翅后缘要保持水平，与身体垂直。

蝉
只需要展开一边翅膀，蝉的前翅后缘要保持水平，与身体垂直。

制作标签

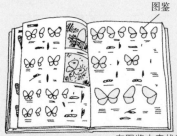

图鉴

种类名称
采集地
年　　月　　日
采集者

在图鉴中查找种类名称。只要写上类似"～的同类",能大致分类就行。在标签上记录下种类名称、采集地点、采集时间、采集者这类信息。

统一标本和标签的高度

如标本的高度不一致,则不方便查看,因此需要用平均台来统一高度。

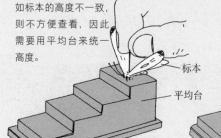

标本

平均台

标签

把标本连同昆虫针一起插入平均台的孔内,可以统一标本。

之后贴上标签,连同昆虫针一起插入平均台的孔内,统一标签的高度。

摆放标本

在标本箱中插入标本并排列整齐,放入防虫球和干燥剂之后就完成了所有工序。

干燥剂

瓶子

防虫球

凤蝶
志尾山

凤蝶
志尾山

纹白蝶

纹白蝶

标本箱

采集植物和制作标本

①采集场所

路边或空地

农田

学校操场

植物能在各种它们能适应的环境中生长。根据植物的生长环境、生长方式等进行采集是一件有趣的事情。

尝试采集植物并制作标本。植物的种类繁多,因此需要确定像"庭院植物""春季花草""藤蔓植物"这样的课题,才便于归纳总结。

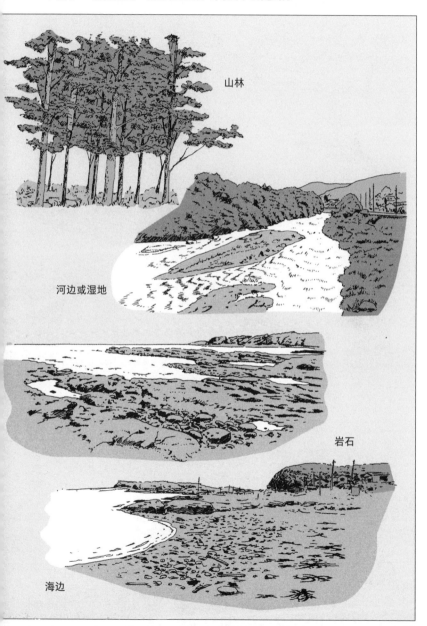

山林

河边或湿地

岩石

海边

②采集植物的器具

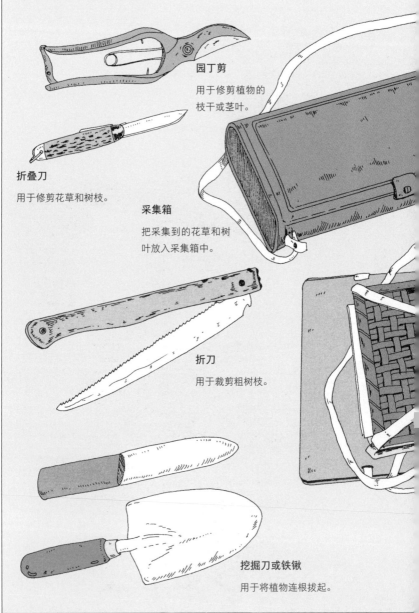

园丁剪

用于修剪植物的枝干或茎叶。

折叠刀

用于修剪花草和树枝。

采集箱

把采集到的花草和树叶放入采集箱中。

折刀

用于裁剪粗树枝。

挖掘刀或铁锹

用于将植物连根拔起。

报纸

包裹果实和花朵容易掉落的植物。

塑料袋

放入带根和土的植物或小型植物。

胶布

用于记录采集地点、采集时间等，也可用于制作纸捻。

观察笔记类

记录采集地、采集日期等。

植物
观察日记 1.

植物标本采集夹

用于放置报纸包裹的植物。

③植物的采集方法

连根采集

有些植物的根系发达，要在根部附近挖一个面积较大的洞以便采集。

园丁剪

连同花和果实一起采集

采集树枝时，尽量连同花朵和果实一起采集，方便日后考察植物种类名称。

绑上纸捻

搓捻

胶带

10厘米长

将记录有植物的种类名称、采集场所、植物特征等信息的纸捻绑在植物上。

1.

2.

3.

种类名称

采集场所

特征

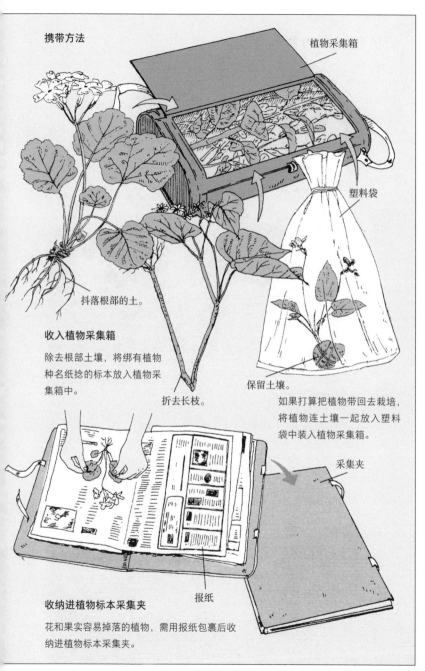

携带方法

植物采集箱

塑料袋

抖落根部的土。

收入植物采集箱

除去根部土壤，将绑有植物种名纸捻的标本放入植物采集箱中。

折去长枝。

保留土壤。

如果打算把植物带回去栽培，将植物连土壤一起放入塑料袋中装入植物采集箱。

采集夹

报纸

收纳进植物标本采集夹

花和果实容易掉落的植物，需用报纸包裹后收纳进植物标本采集夹。

④植物标本的制作方法

夹在夹纸中

报纸

标签

清洗根部

仔细清洗根部的泥土，之后用毛巾擦拭。

标签

名称
采集地
采集日期

标本夹在夹纸中。较大的标本需要折叠，并贴上记录有植物种类名、采集地和采集日期等信息的标签。

用易吸水的报纸夹住

将夹有标本的夹纸与吸水用的报纸交替叠放，然后放上重石进行干燥。刚开始时，吸水用的报纸一天更换两次，之后可一天更换一次。

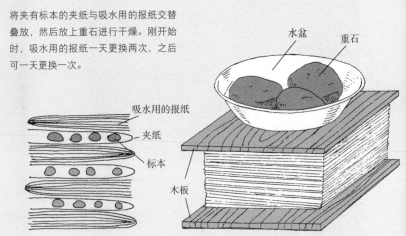

吸水用的报纸

夹纸

标本

水盆

重石

木板

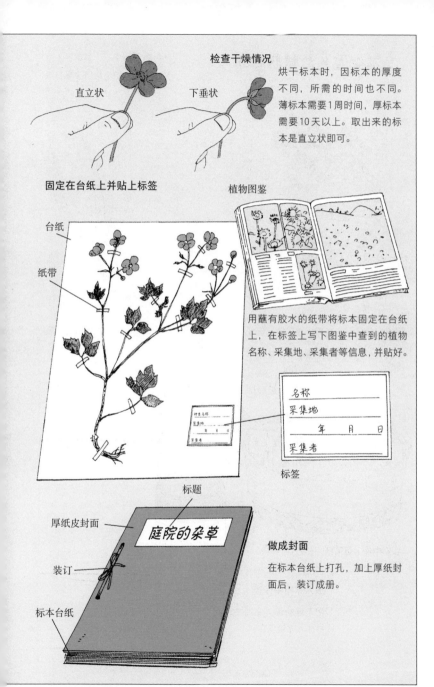

检查干燥情况

直立状

下垂状

烘干标本时，因标本的厚度不同，所需的时间也不同。薄标本需要1周时间，厚标本需要10天以上。取出来的标本是直立状即可。

固定在台纸上并贴上标签

植物图鉴

台纸

纸带

用蘸有胶水的纸带将标本固定在台纸上，在标签上写下图鉴中查到的植物名称、采集地、采集者等信息，并贴好。

名称

采集地

　　年　　月　　日

采集者

标签

标题

厚纸皮封面

庭院的杂草

装订

标本台纸

做成封面

在标本台纸上打孔，加上厚纸封面后，装订成册。

⑤不会变色的植物标本

随着时间的推移，植物标本会变成褐色。如尽早用干燥剂吸干植物中的水分，标本可保持原来的颜色。

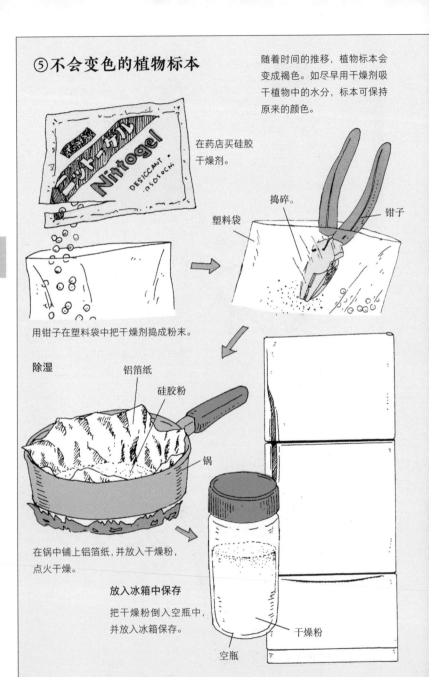

在药店买硅胶干燥剂。

捣碎。

钳子

塑料袋

用钳子在塑料袋中把干燥剂捣成粉末。

除湿

铝箔纸

硅胶粉

锅

在锅中铺上铝箔纸，并放入干燥粉，点火干燥。

放入冰箱中保存

把干燥粉倒入空瓶中，并放入冰箱保存。

空瓶

干燥粉

102

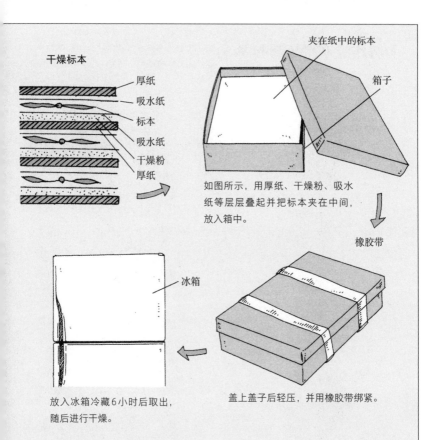

干燥标本

厚纸
吸水纸
标本
吸水纸
干燥粉
厚纸

夹在纸中的标本

箱子

如图所示，用厚纸、干燥粉、吸水纸等层层叠起并把标本夹在中间，放入箱中。

橡胶带

冰箱

放入冰箱冷藏6小时后取出，随后进行干燥。

盖上盖子后轻压，并用橡胶带绑紧。

熨斗干燥法

如图所示，用报纸夹住标本，用熨斗熨平。取出的标本若没有呈下垂状，则制作成功。

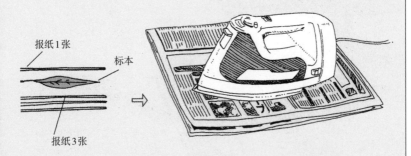

报纸1张
标本
报纸3张

⑥制作观察型植物标本

制作植物标本时尽可能做整株植物的标本，但是如果植株过大，也可以只采集特征明显的部分。

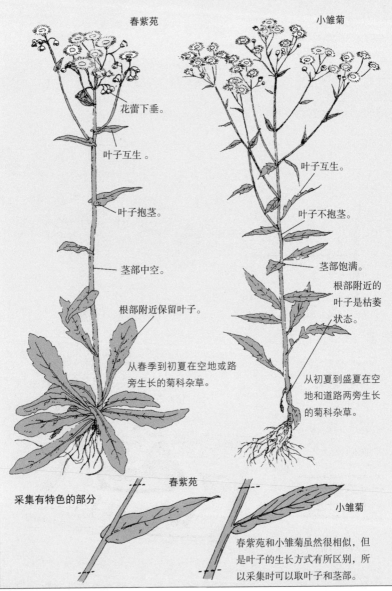

春紫苑

花蕾下垂。

叶子互生。

叶子抱茎。

茎部中空。

根部附近保留叶子。

从春季到初夏在空地或路旁生长的菊科杂草。

小雏菊

叶子互生。

叶子不抱茎。

茎部饱满。

根部附近的叶子是枯萎状态。

从初夏到盛夏在空地和道路两旁生长的菊科杂草。

采集有特色的部分

春紫苑

小雏菊

春紫苑和小雏菊虽然很相似，但是叶子的生长方式有所区别，所以采集时可以取叶子和茎部。

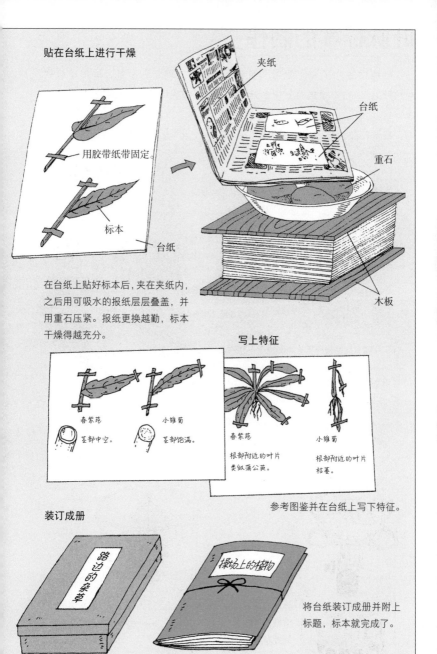

贴在台纸上进行干燥

用胶带纸带固定。

标本

台纸

夹纸

台纸

重石

木板

在台纸上贴好标本后，夹在夹纸内，之后用可吸水的报纸层层叠盖，并用重石压紧。报纸更换越勤，标本干燥得越充分。

写上特征

春紫菀
茎部中空。

小雏菊
茎部饱满。

春紫菀
根部附近的叶片类似蒲公英。

小雏菊
根部附近的叶片枯萎。

参考图鉴并在台纸上写下特征。

装订成册

路边的杂草

操场上的植物

将台纸装订成册并附上标题，标本就完成了。

叶脉标本的制作

将植物的叶子放在阳光下照射，可以看到网状的条纹，这种条纹叫作"叶脉"。它是输送养分和水分的通道。下面我们就提取叶脉制作叶脉标本吧！

首先去除叶肉。将氢氧化钠溶液加热。由于氢氧化钠呈碱性，对皮肤有腐蚀

制作水溶液

玻璃棒

氢氧化钠

塑料手套

烧杯

水

将水和氢氧化钠按照9:1的比例混合。先往烧杯（其他耐热性容器亦可）中加入水，用玻璃棒一边搅拌一边倒入氢氧化钠。

采集叶片

选取无虫眼、形态美观的叶片。

水溶液

叶片

镊子

叶子

水

加热

将叶片置于水溶液中加热30分钟左右。

用水清洗

用镊子将叶片取出，用水清洗。

性，所以要多加留意。

制作叶脉标本时，可以注意到叶脉分布在叶片的各个角落。并且，不同的植物叶脉的形状各不相同。牵牛花、木槿等双子叶植物，叶脉呈网状；稻子、细竹等单子叶植物，叶脉呈平行状；银杏等裸子植物，叶脉呈二叉分枝状。此外，即便是同科植物，由于种属不同，叶脉也形状各异。

去除叶肉

干燥

往大方盘倒入少量的水，用牙刷轻刷叶片，去除叶肉。

大方盘

叶片

水

牙刷

报纸

将叶脉夹在报纸中把水吸干。

叶脉粘贴在台纸上

把分类好的叶脉粘贴在台纸上，并注明种类名称及需留意的地方。这样叶脉标本就做好了。

木槿

网状脉

稻子

平行脉

银杏

二叉状脉

海藻标本的制作

到海岸和礁石处采集

采集附在礁石上的海藻或被海浪冲到沙滩上的海藻。

笔记本

笔记本

塑料袋

空瓶

锤子

螺丝刀

凿子

海藻

螺丝刀

用螺丝刀、凿子和锤子采集附在岩石上的海藻。

空瓶

将海藻放入较小的塑料袋后,再装进大塑料袋。

小海藻与容易被压坏的海藻放进空瓶子中。

在海岸与礁石边采集完海藻后，开始制作标本。海藻类在春天是最美的。

可以事先在笔记本中记录采集场所的特点、海藻的特征等。

去除盐分

将海藻浸泡在水中，去除盐分。

水

海藻

洗脸盆

置于台纸上

沾点水将海藻贴在台纸上，提起海藻的同时，整理海藻形状。

去除水分

干燥

吸水用的报纸

布

台纸

泄水帘

先将泄水帘斜立，然后把台纸放在泄水帘上沥干水分。

先将布（旧T恤也可）压在台纸上，再夹在报纸中。

重石

往大方盘倒入少量的水，用牙刷轻刷叶片，去除叶肉。

木板

用木板夹紧，压铁压实。频繁更换吸水用的报纸，将其干燥。

名称

采集地

标签

年　月　日

裙带菜
青海岛
7月30日

螃蟹标本的制作

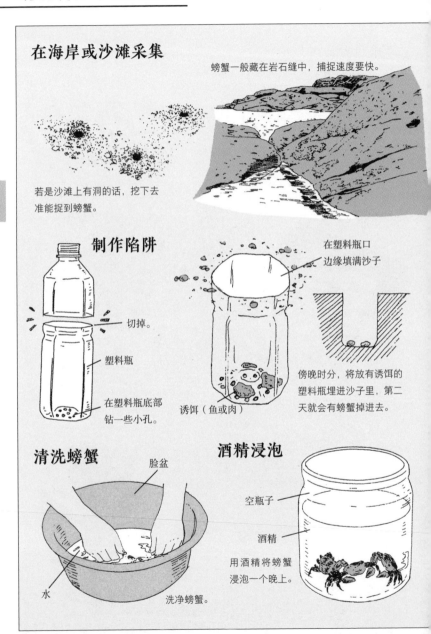

在海岸或沙滩采集

螃蟹一般藏在岩石缝中，捕捉速度要快。

若是沙滩上有洞的话，挖下去准能捉到螃蟹。

制作陷阱

切掉。

塑料瓶

在塑料瓶底部钻一些小孔。

在塑料瓶口边缘填满沙子

诱饵（鱼或肉）

傍晚时分，将放有诱饵的塑料瓶埋进沙子里，第二天就会有螃蟹掉进去。

清洗螃蟹

脸盆

水

洗净螃蟹。

酒精浸泡

空瓶子

酒精

用酒精将螃蟹浸泡一个晚上。

由于螃蟹的身子被硬壳包裹着，因此制作标本比较容易。重点是认真清除螃蟹的内脏及肌肉。

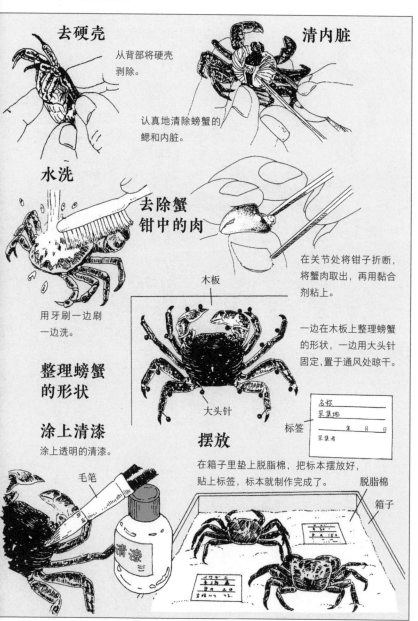

去硬壳

从背部将硬壳剥除。

清内脏

认真地清除螃蟹的鳃和内脏。

水洗

去除蟹钳中的肉

用牙刷一边刷一边洗。

在关节处将钳子折断，将蟹肉取出，再用黏合剂粘上。

木板

一边在木板上整理螃蟹的形状，一边用大头针固定，置于通风处晾干。

大头针

标签

名称
采集地
　　　　年　月　日
采集者

整理螃蟹的形状

涂上清漆

涂上透明的清漆。

摆放

在箱子里垫上脱脂棉，把标本摆放好，贴上标签，标本就制作完成了。

毛笔

清漆

脱脂棉

箱子

贝类标本的制作

在礁石或退潮的海滩采集

通过报纸了解退潮时间，退潮前1～2小时到达采集地点。

锥子

螺丝刀

撬开岸边的岩石，附在上面的贝壳就会脱落。用网将贝壳接住。

岩石

网

用螺丝刀将紧紧附在岩石上的贝壳撬开。

将采集到的贝壳装在水桶里带回去。

水桶

到海岸、退潮的海滩或河边采集贝壳。制作贝壳标本的关键在于能否除净贝肉。

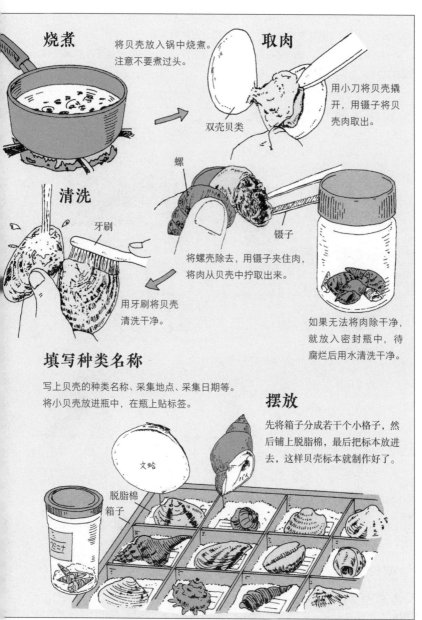

烧煮

将贝壳放入锅中烧煮。注意不要煮过头。

双壳贝类

取肉

用小刀将贝壳撬开，用镊子将贝壳肉取出。

螺

镊子

将螺壳除去，用镊子夹住肉，将肉从贝壳中拧取出来。

清洗

牙刷

用牙刷将贝壳清洗干净。

如果无法将肉除干净，就放入密封瓶中，待腐烂后用水清洗干净。

填写种类名称

写上贝壳的种类名称、采集地点、采集日期等。将小贝壳放进瓶中，在瓶上贴标签。

文蛤

脱脂棉

箱子

摆放

先将箱子分成若干个小格子，然后铺上脱脂棉，最后把标本放进去，这样贝壳标本就制作好了。

蜘蛛网标本的制作

人们往往认为蜘蛛都会织网。在日本大概有1200种蜘蛛，但其中只有六成会织网。不织网的蜘蛛则到处飞，等待时机捕捉猎物。

不同种类的蜘蛛，织的网也各不相同。有时候仅通过蜘蛛网就可以判断出蜘蛛的品种。

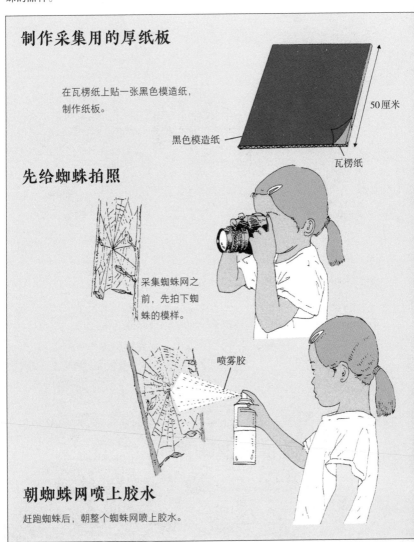

制作采集用的厚纸板

在瓦楞纸上贴一张黑色模造纸，制作纸板。

黑色模造纸

50厘米

瓦楞纸

先给蜘蛛拍照

采集蜘蛛网之前，先拍下蜘蛛的模样。

喷雾胶

朝蜘蛛网喷上胶水

赶跑蜘蛛后，朝整个蜘蛛网喷上胶水。

将蜘蛛网原样取下制成标本吧。

先将蜘蛛的照片贴在标签上，并注明其种类名称、采集地点、采集日期等。然后将标签贴在标本上。接着，认真观察蜘蛛网标本，如果再写上蜘蛛网的特征，标本的价值就立马提升了。

对蜘蛛而言，蜘蛛网是它捕捉猎物的重要工具。

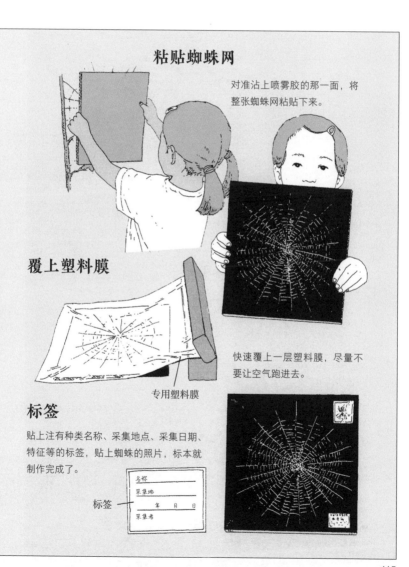

粘贴蜘蛛网

对准沾上喷雾胶的那一面，将整张蜘蛛网粘贴下来。

覆上塑料膜

专用塑料膜

快速覆上一层塑料膜，尽量不要让空气跑进去。

标签

贴上注有种类名称、采集地点、采集日期、特征等的标签，贴上蜘蛛的照片，标本就制作完成了。

标签

名称
采集地
　　年　　月　　日
采集者

石膏标本的制作

溶解石膏

石膏粉

水　石膏

石膏粉

一次性筷子

空罐子等

往空罐子中加入水，然后一边倒入石膏
粉，一边用一次性筷子搅拌。按照1∶1
的比例配制。

取足印

厚纸

切开后嵌入。

将厚纸带两端分别剪一个口
子，互相嵌入。

用制作好的厚纸环将足
迹圈起来。

用签字笔在石膏上写说明
文字。

倒入溶解的石膏。

石膏凝固后，用水将泥沙冲洗干净，晾干后写
上种类名称、采集地点、采集日期等。

可使用从画材店买来的石膏制作动物脚印、树木纹理、螃蟹窝等标本。制作之前须将石膏溶解。

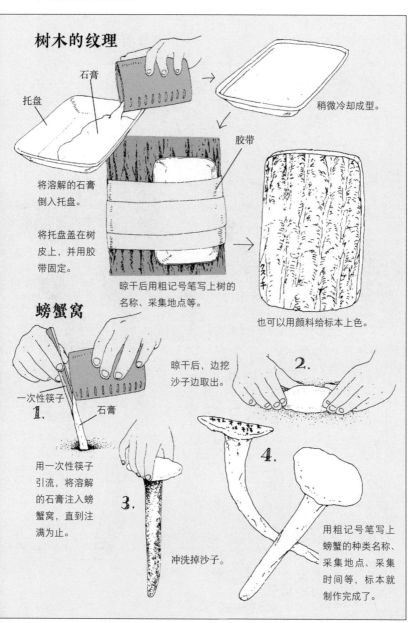

树木的纹理

石膏

托盘

将溶解的石膏倒入托盘。

稍微冷却成型。

胶带

将托盘盖在树皮上，并用胶带固定。

晾干后用粗记号笔写上树的名称、采集地点等。

也可以用颜料给标本上色。

螃蟹窝

一次性筷子

石膏

1.

用一次性筷子引流，将溶解的石膏注入螃蟹窝，直到注满为止。

晾干后，边挖沙子边取出。

2.

3.

冲洗掉沙子。

4.

用粗记号笔写上螃蟹的种类名称、采集地点、采集时间等，标本就制作完成了。

117

鸟类羽毛标本的制作

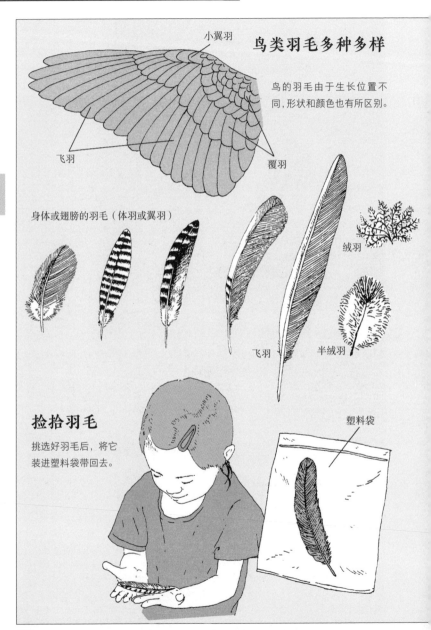

小翼羽

鸟类羽毛多种多样

鸟的羽毛由于生长位置不同,形状和颜色也有所区别。

飞羽

覆羽

身体或翅膀的羽毛（体羽或翼羽）

绒羽

飞羽

半绒羽

捡拾羽毛

挑选好羽毛后,将它装进塑料袋带回去。

塑料袋

当你在山野漫步时，可以留意到地面有羽毛掉落。尝试做鸟类羽毛的标本吧。

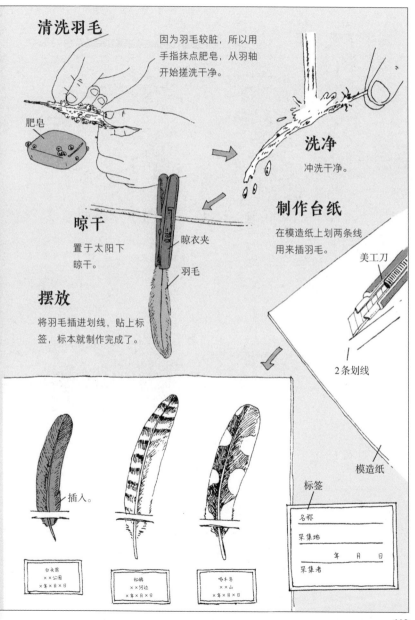

清洗羽毛

因为羽毛较脏，所以用手指抹点肥皂，从羽轴开始搓洗干净。

肥皂

洗净

冲洗干净。

晾干

置于太阳下晾干。

晾衣夹

羽毛

制作台纸

在模造纸上划两条线用来插羽毛。

美工刀

2条划线

摆放

将羽毛插进划线，贴上标签，标本就制作完成了。

模造纸

插入。

标签

名称

采集地

年 月 日

采集者

白尾鹞
××公园
×年×月×日

松鸦
××河边
×年×月×日

啄木鸟
××山
×年×月×日

小石头标本的制作

到中下游采集小石头

大小合适的石头，一般位于河流中下游。

捡一些比手掌小的石头

制作标本的石头选择比手掌略小的为宜。收集表面粗糙、颜色与花纹各式各样的石头。

清洗石头

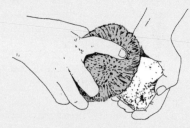

如果石头粘有泥巴，用海绵、牙刷等去除。

去河边捡石头制作标本吧。条件允许的话，可以通过图鉴了解石头的名称。一些博物馆提供石头鉴别服务，可以了解一下。

磨石头

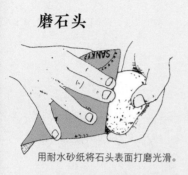

用耐水砂纸将石头表面打磨光滑。

观察石头表面

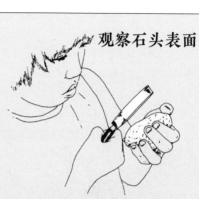

用放大镜观察石头表面的颗粒、颜色等。

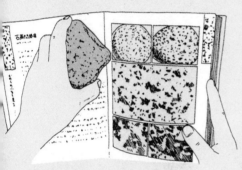

考察石头名称

以石头表面的颗粒、颜色为线索，通过图鉴、岩石标本了解石头名称。确认石头名称其实并不容易。

制作标本

标签　　　脱脂棉

标签

| 名称 |
| 采集地点 |
| 日期 |

把箱子隔开分成若干个小格子，铺上脱脂棉，然后放入石头，最后将标有石头名称、采集地点、日期的标签贴上，石头标本就制作好了。如果不了解石头名称的话，可以写上一些石头的特征。

标本的陈列方式与整理方法

陈列标本并不是将收集好的标本适当摆放好就可以了，以什么样的标准摆放能让人一目了然才是最重要的。

如昆虫、植物标本，可以根据图鉴上的分类、动植物的生长环境（采集地点）、采集季节来摆放。若根据图鉴的分类来摆放，首先选出体型大的，再将体型小

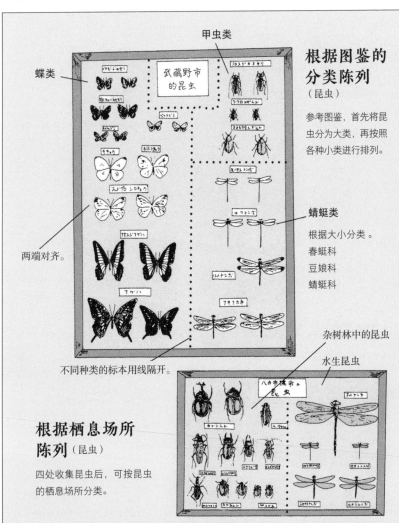

甲虫类

蝶类

根据图鉴的分类陈列（昆虫）

参考图鉴，首先将昆虫分为大类，再按照各种小类进行排列。

蜻蜓类

根据大小分类。
春蜓科
豆娘科
蜻蜓科

两端对齐。

不同种类的标本用线隔开。

杂树林中的昆虫

水生昆虫

根据栖息场所陈列（昆虫）

四处收集昆虫后，可按昆虫的栖息场所分类。

的进行分类。这样，做出来的标本就能一目了然。

贝壳类的标本，不知道它的名称时，可以大致按照螺和双壳贝类来划分，然后再将它们按大小排列。

石头标本中也会遇到尚不知名的情况。不要擅自加上名称，可以先根据石头大小归类，再根据颜色、花纹进行分类。

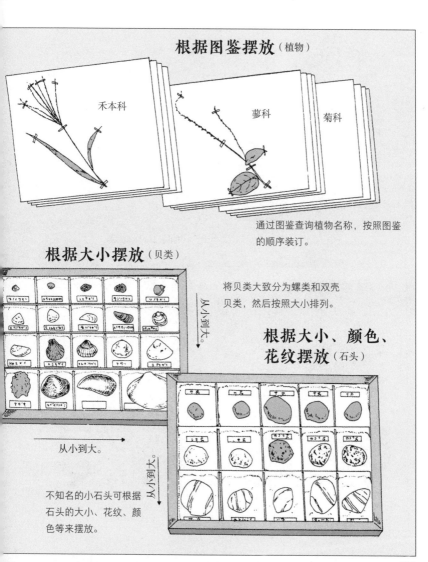

根据图鉴摆放（植物）

禾本科

蓼科

菊科

通过图鉴查询植物名称，按照图鉴的顺序装订。

根据大小摆放（贝类）

将贝类大致分为螺类和双壳贝类，然后按照大小排列。

从小到大。

从小到大。

根据大小、颜色、花纹摆放（石头）

不知名的小石头可根据石头的大小、花纹、颜色等来摆放。

从小到大。

制作不同风格的标本

精心制作植物标本

像制作装饰品一样制作标本，使其栩栩如生。

制作植物标本。

突出部分

用木工专用胶水将标本突出部分粘紧。

镊子

将其贴在台纸上。

标题 自己的姓名

庭院的杂草　　××小学3年级　　×××

普通标本

蒲公英
5月10日

标本

董菜
4月2日

阿拉伯婆婆纳
4月10日

三叶草
4月20日

设计后的标本

你也可以按照不同的种类摆放标本。不过，如果能再现植物、昆虫的生长环境，制作出来的标本会别有一番风味。

精心制作背景（昆虫、螃蟹等标本）

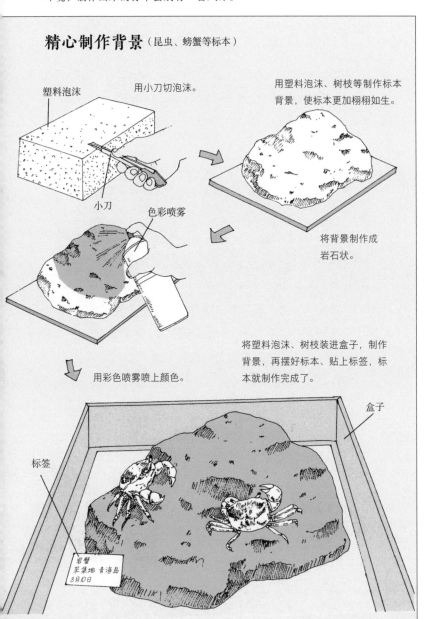

塑料泡沫

用小刀切泡沫。

小刀

用塑料泡沫、树枝等制作标本背景，使标本更加栩栩如生。

将背景制作成岩石状。

色彩喷雾

用彩色喷雾喷上颜色。

将塑料泡沫、树枝装进盒子，制作背景，再摆好标本、贴上标签，标本就制作完成了。

盒子

标签

岩蟹
采集地 青海岛
8月10日

秘诀在于认真对待

评判没有限定标本类型的实验时，评判的关键是什么呢？课题的独创性？还是趣味性？其实，老师关注的是学生是否按照制订的计划进行实验或观察以及是否将实验坚持到最后。这实际上就是观察学生是否认真研究并总结。

实验最终是为了得到科学的结论，所以最重要的是认真对待，不用拘泥于内容的独创性与趣味性。因为即使是简单的实验或观察记录，只要认真对待，老师一定会看得出来，并作出正确评判。

虽然以获得优异成绩为目的的研究有些无趣，但是作品受到好评时还是很令人开心。所以，如果进行的是有难度的课题，仅仅将研究有始有终地完成都是一件令人快乐的事情。因为对我们而言，认真完成任务是令人自豪的。另外，有些地区也会选取优秀作品在科学馆进行展示。所以，加油吧！

标本

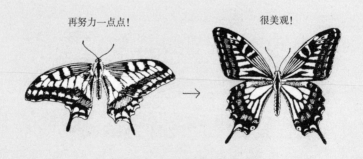

再努力一点点！　　　　　很美观！

自 然

探索自然界中的课题

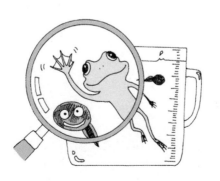

观察水黾的足部

　　将采集的水黾放到洗脸池或水槽内，观察它们如何运用足部，并画下来。当我们观察浮在水上的水黾时，会发现它们只有足尖与水面接触。用显微镜、放大镜观察水黾的足尖，试着画下来。用肥皂水将水黾足尖洗净，试着观察绒毛变化。

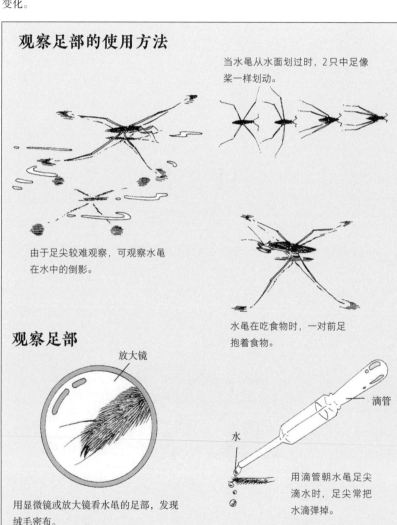

观察足部的使用方法

当水黾从水面划过时，2只中足像桨一样划动。

由于足尖较难观察，可观察水黾在水中的倒影。

水黾在吃食物时，一对前足抱着食物。

观察足部

放大镜

用显微镜或放大镜看水黾的足部，发现绒毛密布。

滴管

水

用滴管朝水黾足尖滴水时，足尖常把水滴弹掉。

虽然水黾与水有着千丝万缕的关系，但是它在水中却无法呼吸。水黾之所以能浮在水面，要归功于水的表面张力。将肥皂水、油等注入水中，测试水黾能否浮在水面上，把实验结果整理到图表中。现今日本所使用的肥皂液、香波、油料等都是从家庭排水口直接排入河流、湖泊。这是否会给水黾带来负面影响，通过实验便知晓了。

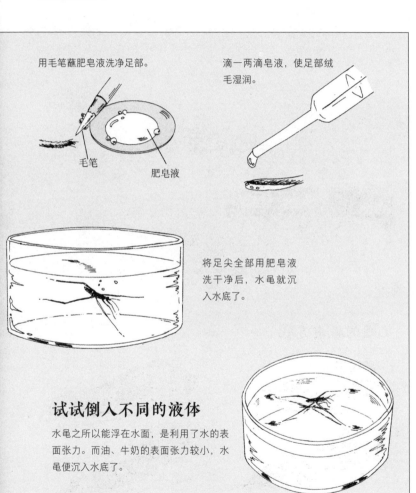

用毛笔蘸肥皂液洗净足部。

毛笔

肥皂液

滴一两滴皂液，使足部绒毛湿润。

将足尖全部用肥皂液洗干净后，水黾就沉入水底了。

试试倒入不同的液体

水黾之所以能浮在水面，是利用了水的表面张力。而油、牛奶的表面张力较小，水黾便沉入水底了。

中性洗涤剂——下沉　　油——下沉

牛奶——下沉　　　　　果汁——浮在水面

凤蝶的成长全记录

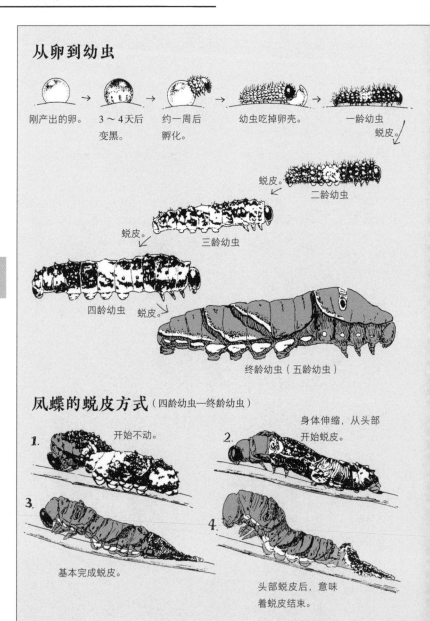

从卵到幼虫

刚产出的卵。 → 3～4天后 → 约一周后 → 幼虫吃掉卵壳。 → 一龄幼虫
变黑。 孵化。 蜕皮。

蜕皮。
二龄幼虫

蜕皮。
三龄幼虫

四龄幼虫 蜕皮。

终龄幼虫（五龄幼虫）

凤蝶的蜕皮方式（四龄幼虫—终龄幼虫）

1. 开始不动。

2. 身体伸缩，从头部开始蜕皮。

3. 基本完成蜕皮。

4. 头部蜕皮后，意味着蜕皮结束。

凤蝶从卵发育到成虫需要一个半月到两个月，试着用绘画或拍照详细记录它的成长过程。

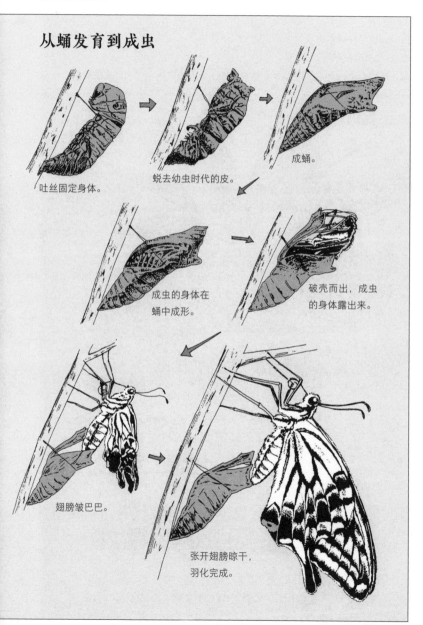

从蛹发育到成虫

吐丝固定身体。

蜕去幼虫时代的皮。

成蛹。

成虫的身体在蛹中成形。

破壳而出，成虫的身体露出来。

翅膀皱巴巴。

张开翅膀晾干，羽化完成。

考察凤蝶幼虫的食量

　　不同种类的蝴蝶或蛾类幼虫会选择不同的植物叶片作为食物。这种植物叫作食草。以农作物、观赏性植物为食草的凤蝶幼虫，有时会因大量繁殖而给植物带来灾害，因此被认为是害虫。

　　凤蝶幼虫的食量到底有多大呢？试着记录下凤蝶从幼虫到结成虫蛹的过程需

寻找蝴蝶卵

雌性蝴蝶成虫在食草附近做卷腹动作的话，说明它正在产卵，可以摘下整个叶片。

雌性成虫

柑橘叶片

饲养幼虫

淡黄色的卵

草莓盒子

附着蝴蝶卵的叶子

铺上卫生纸。

用透明胶固定。

在草莓盒子里铺上卫生纸，并滴入两三滴水沾湿。将附着虫卵的叶片放在上面。

虫蛹

孵化

一龄幼虫

二龄幼虫

三龄幼虫

四龄幼虫

终龄幼虫
（五龄幼虫）

孵化需要6～7天时间。幼虫每脱皮一次就是一次成长，直至变成虫蛹。破蛹成蝶后就可以放生了。

要吃多少植物叶片。凤蝶会在食草的新叶或嫩芽上产卵，可以采集整个叶片。

孵化成功后，给幼虫喂食柑橘的叶片。因为柑橘叶片形状简单，容易测量面积。

一只凤蝶幼虫从一龄幼虫成长到五龄幼虫的食量是多少呢？我们以测量幼虫结蛹前吃的叶片数来进行计算。

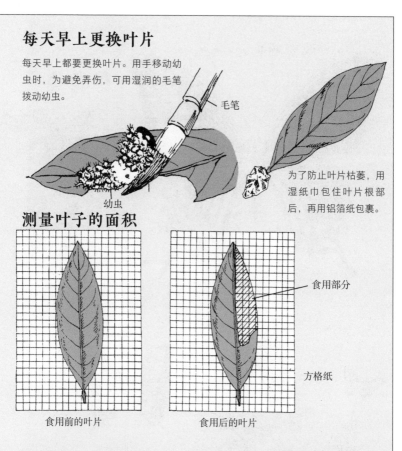

每天早上更换叶片

每天早上都要更换叶片。用手移动幼虫时，为避免弄伤，可用湿润的毛笔拨动幼虫。

毛笔

幼虫

为了防止叶片枯萎，用湿纸巾包住叶片根部后，再用铝箔纸包裹。

测量叶子的面积

食用部分

方格纸

食用前的叶片

食用后的叶片

每天早晨在方格纸上描绘出食用前的叶片和食用后的叶片，测量食用的树叶面积（面积的测量方法见344页）。

用图表的形式整理出从一龄幼虫到五龄幼虫各阶段到结蛹前食用的叶子数量。

雄性凤蝶如何辨认雌性凤蝶？

雌性凤蝶依靠气味寻找食草，雄性凤蝶是依靠雌性凤蝶的形状和颜色寻找它们。不妨制作出雌性凤蝶的模型并涂上各种颜色，看看什么颜色的雌性凤蝶能吸引雄性凤蝶。某项实验表明，雄性凤蝶会靠近青绿色的凤蝶模型而不靠近黄色的模型。

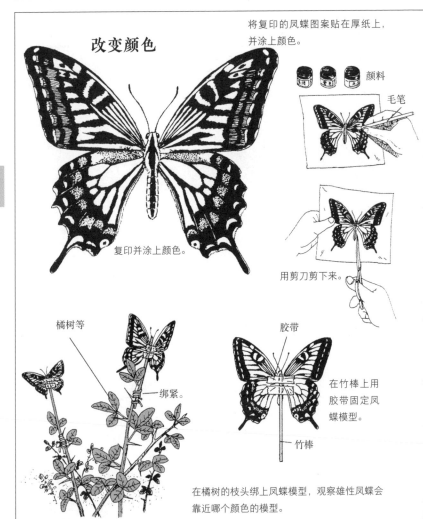

改变颜色

复印并涂上颜色。

将复印的凤蝶图案贴在厚纸上，并涂上颜色。

颜料

毛笔

用剪刀剪下来。

橘树等

绑紧。

胶带

在竹棒上用胶带固定凤蝶模型。

竹棒

在橘树的枝头绑上凤蝶模型，观察雄性凤蝶会靠近哪个颜色的模型。

确认雄性凤蝶依靠花纹和颜色区分雌性凤蝶后，我们制作出不同花纹的凤蝶模型，以及凤蝶花纹的长方形、圆形和三角形模型。弄清雄性凤蝶会靠近哪一个模型也是一项很有趣的实验。

最好选择在凤蝶活动频率最高的上午进行实验。

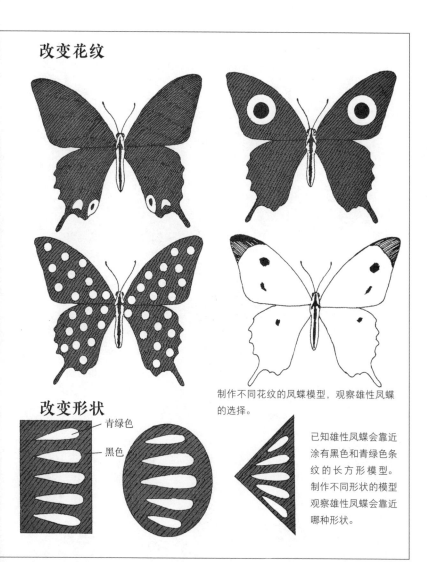

改变花纹

改变形状

青绿色

黑色

制作不同花纹的凤蝶模型，观察雄性凤蝶的选择。

已知雄性凤蝶会靠近涂有黑色和青绿色条纹的长方形模型。制作不同形状的模型观察雄性凤蝶会靠近哪种形状。

观察蝉的羽化过程

　　蝉在地下度过了漫长的幼虫阶段之后，会爬到地面上羽化。蝉的羽化发生在7～9月，如果大家认真寻找的话，都可以观察到这个过程。让我们试着观察并记录下蝉的羽化过程吧。

　　在公园或者杂树林的树根附近仔细寻找的话，不难找到幼虫栖息的洞穴。

寻找幼虫的洞穴

有幼虫的洞穴

幼虫已钻出的洞穴

趁天色尚早的时候在树根附近寻找洞穴。如果找到的洞穴直径1厘米 左右，则幼虫已钻出；如果是不规则的小洞穴，则说明幼虫还在洞内。

水壶

注水。

洞穴

把幼虫固定在窗帘或纱窗上进行观察。

幼虫会和泥水一起浮上地面。轻轻抓起幼虫，放入容器后带回家。

傍晚，寻找从洞内爬出来的幼虫

树叶背面或杂草背面

傍晚，在树干、树的周围、杂草的背面等处可以找到进入羽化准备阶段的幼虫。

树木附近

树干

往洞穴里注水，幼虫就会爬出来。抓起幼虫，把它带回家固定在窗帘上进行观察。

如果找不到幼虫洞穴，可以在傍晚借助手电筒在树的周围、树干或草丛中寻找。找到后带回家或就地继续观察。

幼虫蜕皮后即可放生，留下蝉蜕作为标本。

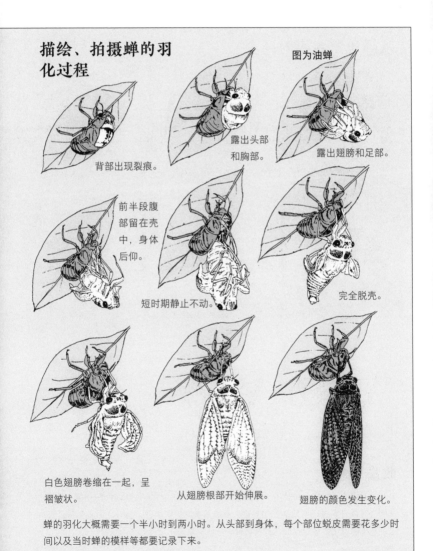

描绘、拍摄蝉的羽化过程

图为油蝉

背部出现裂痕。

露出头部和胸部。

露出翅膀和足部。

前半段腹部留在壳中，身体后仰。

短时期静止不动。

完全脱壳。

白色翅膀卷缩在一起，呈褶皱状。

从翅膀根部开始伸展。

翅膀的颜色发生变化。

蝉的羽化大概需要一个半小时到两小时。从头部到身体，每个部位蜕皮需要花多少时间以及当时蝉的模样等都要记录下来。

观察蝉蜕

7月至9月间，仔细观察公园或杂树林中的树干、杂草背面、电线杆等地方，会发现许多蝉蜕。

收集蝉蜕，并试着研究蝉的羽化时间、羽化场所距离地面的高度和蝉的种类。

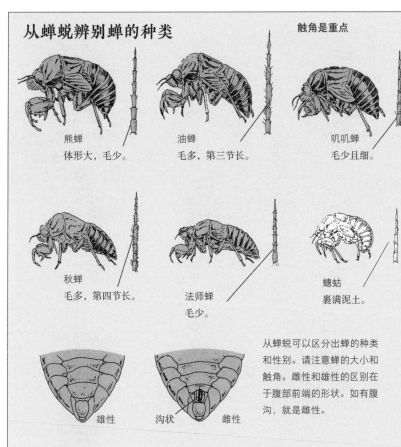

从蝉蜕辨别蝉的种类

触角是重点

熊蝉
体形大，毛少。

油蝉
毛多，第三节长。

叽叽蝉
毛少且细。

秋蝉
毛多，第四节长。

法师蝉
毛少。

蟪蛄
裹满泥土。

雄性

沟状　雌性

从蝉蜕可以区分出蝉的种类和性别。请注意蝉的大小和触角。雌性和雄性的区别在于腹部前端的形状。如有腹沟，就是雌性。

收集蝉蜕

用两周时间收集蝉蜕，按种类、性别进行划分，并做出图表。这样就可一眼看出蝉是从什么时候开始进行羽化的。如果每天都能采集到蝉蜕的话，也可以做一张记录表，记录每天的羽化数量、气温、天气状况，从而确定羽化是否会受天气影响。

如果没有限定场地的话，考察起来会很辛苦。所以先确定考察的范围，比如以边长20米的正方形为考察范围。可以每天收集蝉蜕，也可以两三天收集一次。记录下采集当天的气温和天气情况。

记录每个蝉蜕的收集地点和距离地面高度，之后再区分种类和性别。

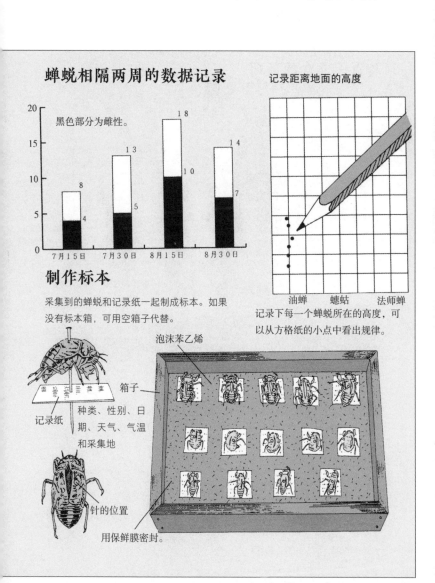

蝉蜕相隔两周的数据记录

黑色部分为雌性。

7月15日　7月30日　8月15日　8月30日

制作标本

采集到的蝉蜕和记录纸一起制成标本。如果没有标本箱，可用空箱子代替。

泡沫苯乙烯

箱子

记录纸

种类、性别、日期、天气、气温和采集地

针的位置

用保鲜膜密封。

记录距离地面的高度

油蝉　　螗蛁　　法师蝉

记录下每一个蝉蜕所在的高度，可以从方格纸的小点中看出规律。

观察树液附近的昆虫

夏季是昆虫活跃的季节。昆虫必须在天气暖和时觅食、交配、繁衍后代。昆虫聚集在花与树液上，并不仅仅为了觅食，更多是因为聚集此处，交配对象也会蜂拥而至，增加繁殖机会。麻栎树、枹栎树既是昆虫的饭馆，也是社交场所。

试着考察麻栎树、枹栎树树液上聚集着哪些昆虫。昆虫一般大清早就开始活

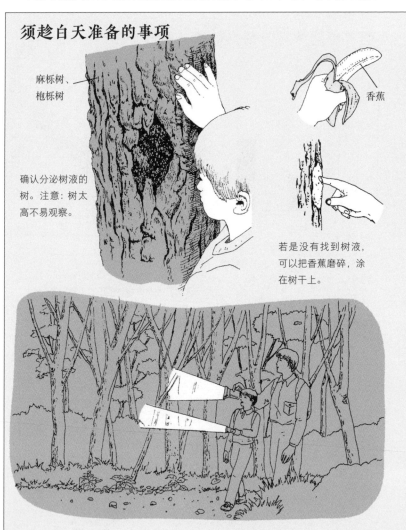

须趁白天准备的事项

麻栎树、枹栎树

确认分泌树液的树。注意：树太高不易观察。

香蕉

若是没有找到树液，可以把香蕉磨碎，涂在树干上。

动。我们可以在前一天的白天先确认分泌树液的树木，第二天早晨天还没亮就去观察。若是没有找到分泌树液的树木，可以将香蕉磨碎，涂在树干上。记录每小时都有哪些昆虫来访，并将数据整理成图表。这样，就可以知道每种昆虫活动的时间段了。

一大早出发

大清早开始活动的是独角仙。上午来访的昆虫很多。每隔一小时确认来访昆虫。

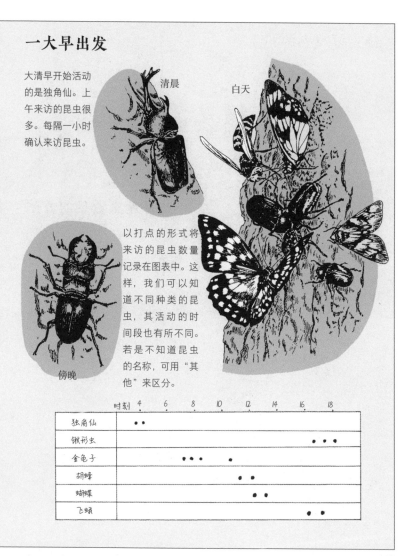

清晨

白天

傍晚

以打点的形式将来访的昆虫数量记录在图表中。这样，我们可以知道不同种类的昆虫，其活动的时间段也有所不同。若是不知道昆虫的名称，可用"其他"来区分。

时刻	4	6	8	10	12	14	16	18
独角仙	••							
锹形虫							•••	
金龟子			•••	•				
胡蜂					••			
蝴蝶					••			
飞蛾							•• •	

观察采集花蜜的昆虫

从春季至夏季，许多花儿陆续开放。昆虫来到花丛中吸食花蜜、采集花粉，与此同时，它们也给花儿授粉。

一天当中，昆虫什么时候最活跃？先确定要观察的花，试着数数每小时都有哪些昆虫来访，来了几次。

确定要观察的花朵

确定观察范围：可选择一平方米范围内的花。若是花儿比较大，选择10朵左右观察就可以了。

将图画纸折成喇叭状套在温度计上，在距离地面1.2米处测量气温。

图画纸

温度计

统计昆虫数量的方法

即便是同一只虫子，只要它在观察范围内，那就飞来几次数几次。

2次

1次　观察范围　数不清

观察 15 分钟

一小时内15分钟用来观察昆虫来访数量。

45 分钟捕捉昆虫或休息

剩余45分钟不观察，可以捕捉不知名的昆虫，或者休息。

制作观察用的小卡片，记录有哪些昆虫光顾。卡片上必须详细记录每小时的气温和天气状况。统计每小时来访昆虫的数量，将数据整理成柱形图便可了解昆虫的活动周期了。

此外，可以根据昆虫的种类将数据整理成饼状图，这样便一目了然地看出哪种花最能招引哪种昆虫。试着与其他种类的花儿比较，看看不同的花儿招引的昆虫是否有所不同。

考察昆虫名称

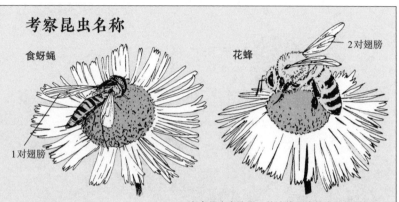

食蚜蝇

花蜂

2对翅膀

1对翅膀

考察昆虫名称是一件比较困难的事，如果能知道它们同属哪一类也是可以的。注意：蜂与虻容易混淆。

整理成图表

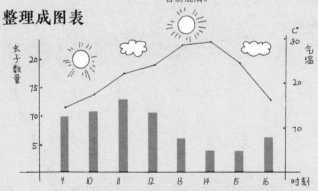

统计每小时造访的昆虫总数，我们便可了解昆虫的活动周期。上午来访的昆虫数量较多。将所有的昆虫进行分类，并整理数据，制成图表，还可以知道光顾此花的昆虫类别。

在家中观察蜻蜓的羽化过程

蜻蜓幼虫称为水虿,生活在河流或池塘中。6月中旬至7月,水虿羽化为成虫。试着将蜻蜓的羽化过程描绘或拍摄下来。

生活在水流较急处的水虿,离开清澈的水则无法生存,所以较难饲养。最好到池塘、泥沼等水流缓慢的地方捕捉水虿。由于水虿是肉食性昆虫,可以给它们

采集水虿

搅拌水草中央,抄起水底的泥,就可以捕捉到水虿。

成功的秘诀在于尽量捕捉大点的水虿。

饲养水虿

放在大杯子中饲养。选用自来水的话须放在太阳底下照射,去除水中的氯。当水虿不再吃诱饵,说明它要开始羽化了。在杯子中插一根木棒。

大杯子

太阳直射一天的自来水

诱饵
(鳉鱼等)

小石子

泥

水虿

10厘米

木棒

喂一些小蝌蚪或鳉鱼。如果无法获得这些诱饵，可以到宠物店买些青鳉。给水虿喂食是一件很辛苦的事，所以成功的秘诀在于捕捉体型较大的即将羽化的水虿。

将水虿放进大杯子中饲养，水要在脏污之前及时更换。在杯子里插一根木棒，水虿在即将羽化时，会飞到距离水面10厘米左右的高度。一般水虿在夜晚或清晨羽化。

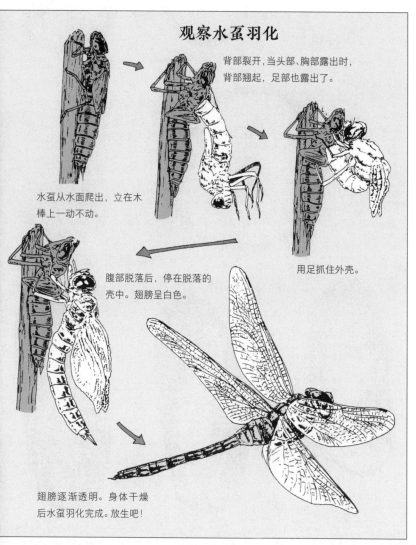

观察水虿羽化

背部裂开，当头部、胸部露出时，背部翘起，足部也露出了。

水虿从水面爬出，立在木棒上一动不动。

用足抓住外壳。

腹部脱落后，停在脱落的壳中。翅膀呈白色。

翅膀逐渐透明。身体干燥后水虿羽化完成。放生吧！

独角仙的成长全记录

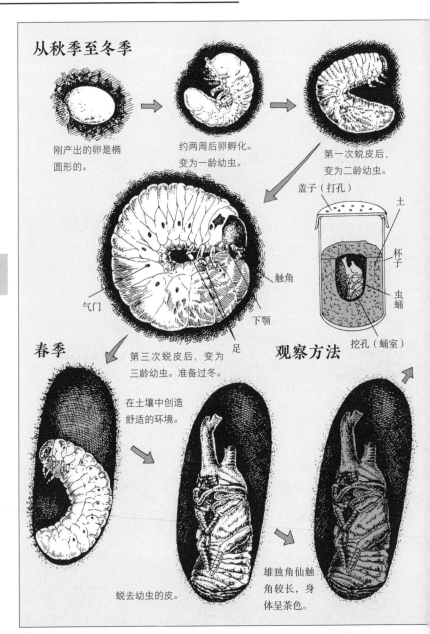

从秋季至冬季

刚产出的卵是椭圆形的。

约两周后卵孵化。变为一龄幼虫。

第一次蜕皮后，变为二龄幼虫。

观察方法

盖子（打孔）

土

杯子

虫蛹

挖孔（蛹室）

气门

触角

下颚

足

第三次蜕皮后，变为三龄幼虫。准备过冬。

春季

在土壤中创造舒适的环境。

蜕去幼虫的皮。

雄独角仙触角较长，身体呈茶色。

采集独角仙的卵或捕捉幼虫，通过速写或拍照的形式，详细记录它变为成虫的全过程（独角仙的捕捉详见本书52页）。

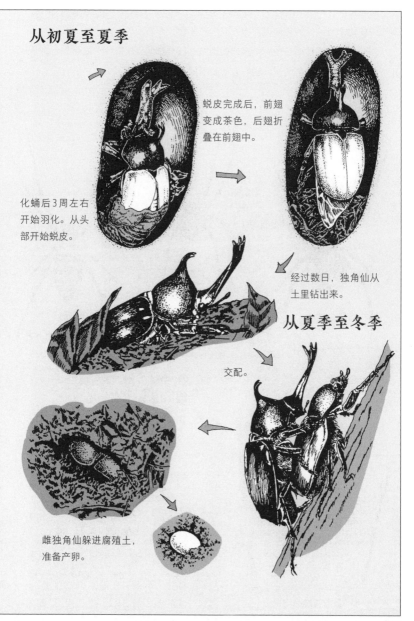

从初夏至夏季

蜕皮完成后，前翅变成茶色，后翅折叠在前翅中。

化蛹后3周左右开始羽化。从头部开始蜕皮。

经过数日，独角仙从土里钻出来。

从夏季至冬季

交配。

雌独角仙躲进腐殖土，准备产卵。

观察蜘蛛织网

　　谈起蜘蛛，人们的第一反应就是蜘蛛织网，其实，大概只有六成蜘蛛会织网。不结网的蜘蛛或到处游猎捕捉食物，或伏击捕食。

　　在常见的织网的蜘蛛中，织圆网的蜘蛛有黄金蜘蛛、鬼蜘蛛、络新妇。蜘蛛并不是织一次网就永久使用，它们会不断织网。

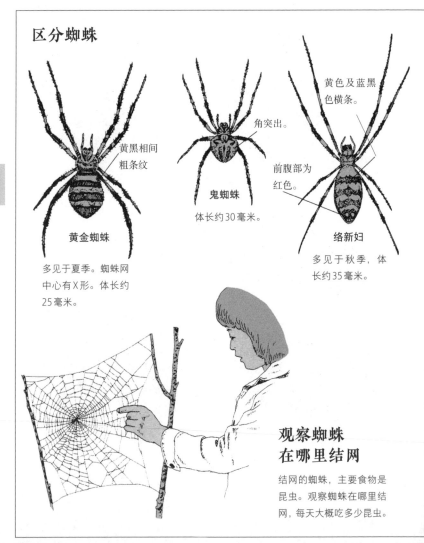

区分蜘蛛

黄黑相间
粗条纹

黄金蜘蛛

多见于夏季。蜘蛛网中心有X形。体长约25毫米。

角突出。

鬼蜘蛛

体长约30毫米。

黄色及蓝黑色横条。

前腹部为红色。

络新妇

多见于秋季，体长约35毫米。

观察蜘蛛在哪里结网

结网的蜘蛛，主要食物是昆虫。观察蜘蛛在哪里结网，每天大概吃多少昆虫。

事先捕捉蜘蛛，观察蜘蛛织网时的样子，并试着画下来。黄金蜘蛛一般在早晨重新织网，鬼蜘蛛则傍晚织网，第二天早晨收工。

观察蜘蛛织网的方法（以鬼蜘蛛为例）

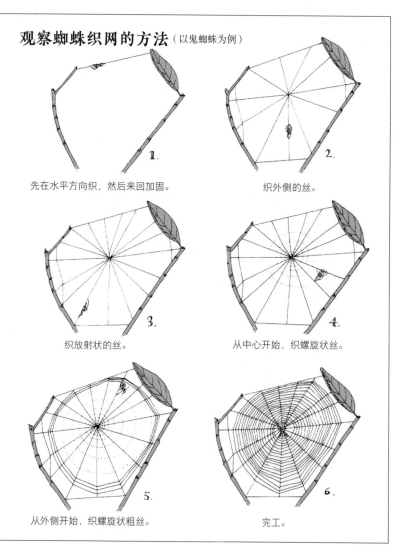

1.
先在水平方向织，然后来回加固。

2.
织外侧的丝。

3.
织放射状的丝。

4.
从中心开始，织螺旋状丝。

5.
从外侧开始，织螺旋状粗丝。

6.
完工。

观察蚂蚁觅食

蚂蚁是常见的昆虫之一。你大概见过蚂蚁为觅食排成长队的情景吧。天气暖和时，蚂蚁会储存食物，为过冬做准备。

让人印象深刻的是蚂蚁喜甜食。在蚂蚁窝旁边放置各种食物，观察哪种食物最能吸引蚂蚁。蚂蚁确实喜甜食。那么，对于人造甜味剂，蚂蚁会有什么反

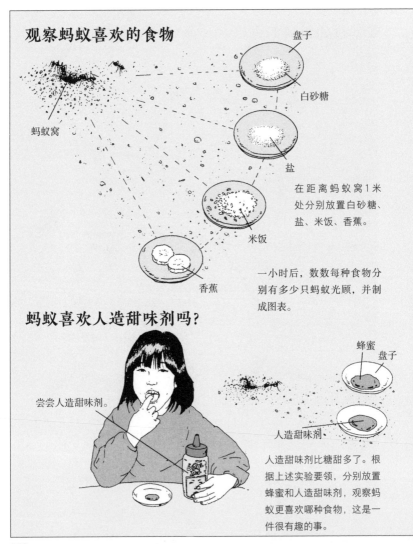

观察蚂蚁喜欢的食物

盘子

白砂糖

蚂蚁窝

盐

在距离蚂蚁窝1米处分别放置白砂糖、盐、米饭、香蕉。

米饭

香蕉

一小时后，数数每种食物分别有多少只蚂蚁光顾，并制成图表。

蚂蚁喜欢人造甜味剂吗？

尝尝人造甜味剂。

蜂蜜
盘子

人造甜味剂

人造甜味剂比糖甜多了。根据上述实验要领，分别放置蜂蜜和人造甜味剂，观察蚂蚁更喜欢哪种食物，这是一件很有趣的事。

应呢？人类的舌头是可以感觉到其甜味的，蚂蚁是否有同样的味觉呢？

此外，将食物放于某处，引得蚂蚁排起长队。前面的蚂蚁通过释放出某种气味来帮助后面的蚂蚁认路，后面的蚂蚁循着这种气味跟上前面的蚂蚁，自动排成了队伍。如果有外界影响蚂蚁队伍，可观察蚂蚁会采取怎样的行动。

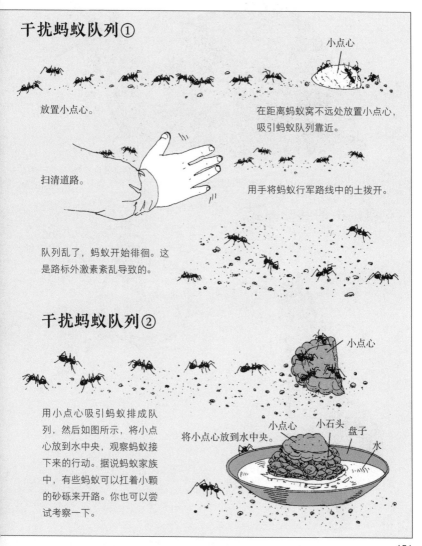

干扰蚂蚁队列①

小点心

放置小点心。

在距离蚂蚁窝不远处放置小点心，吸引蚂蚁队列靠近。

扫清道路。

用手将蚂蚁行军路线中的土拨开。

队列乱了，蚂蚁开始徘徊。这是路标外激素紊乱导致的。

干扰蚂蚁队列②

小点心

用小点心吸引蚂蚁排成队列，然后如图所示，将小点心放到水中央，观察蚂蚁接下来的行动。据说蚂蚁家族中，有些蚂蚁可以扛着小颗的砂砾来开路。你也可以尝试考察一下。

将小点心放到水中央。

小点心　小石头　盘子　水

观察蜗牛的活动

蜗牛的身体

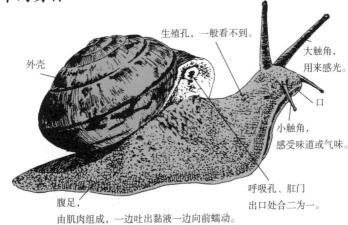

生殖孔，一般看不到。

外壳

大触角，
用来感光。

口

小触角，
感受味道或气味。

呼吸孔、肛门
出口处合二为一。

腹足

由肌肉组成，一边吐出黏液一边向前蠕动。

观察蜗牛的移动方式

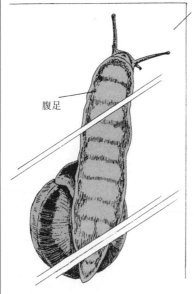

玻璃板

腹足

让蜗牛在玻璃板上爬，
可以观察到腹足向前蠕动。

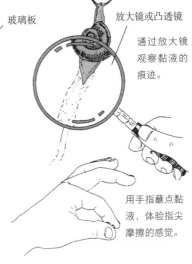

放大镜或凸透镜

通过放大镜观察黏液的痕迹。

用手指蘸点黏液，体验指尖摩擦的感觉。

捕捉蜗牛，观察蜗牛的身体构造。然后让它们在各种地方爬行，观察它们的行动，并画下来或者拍照记录。

让蜗牛在各种地方爬行

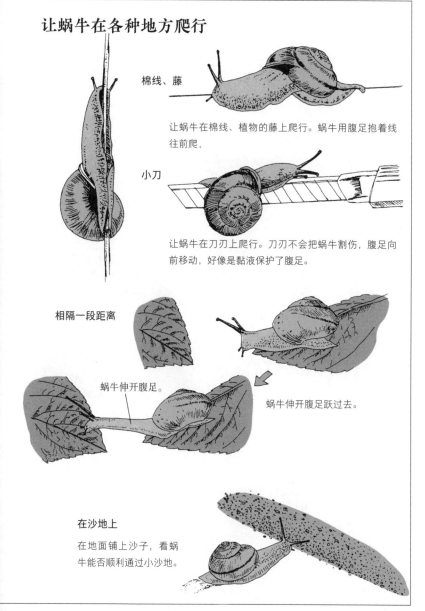

棉线、藤

让蜗牛在棉线、植物的藤上爬行。蜗牛用腹足抱着线往前爬，

小刀

让蜗牛在刀刃上爬行。刀刃不会把蜗牛割伤，腹足向前移动，好像是黏液保护了腹足。

相隔一段距离

蜗牛伸开腹足。

蜗牛伸开腹足跃过去。

在沙地上

在地面铺上沙子，看蜗牛能否顺利通过小沙地。

153

研究蜗牛喜欢的环境

我们常在梅雨季节看到蜗牛。人们一般认为它和雨有着千丝万缕的关系。但是，蜗牛靠肺呼吸，特别不适应雨天，尤其是下大雨的时候。若是将它浸泡在水里，就会被淹死。

蜗牛喜欢什么样的环境？通过实验了解蜗牛在雨天、干燥的气候、不同的气

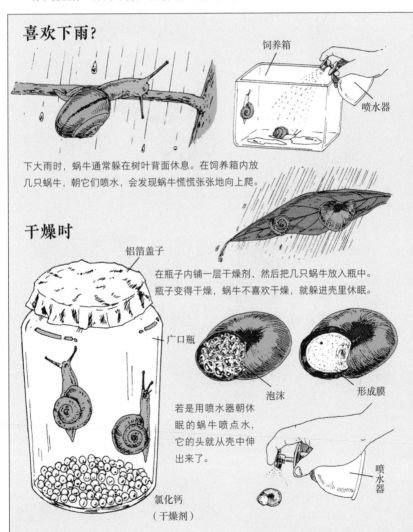

喜欢下雨?

饲养箱

喷水器

下大雨时，蜗牛通常躲在树叶背面休息。在饲养箱内放几只蜗牛，朝它们喷水，会发现蜗牛慌慌张张地向上爬。

干燥时

铝箔盖子

在瓶子内铺一层干燥剂，然后把几只蜗牛放入瓶中。瓶子变得干燥，蜗牛不喜欢干燥，就躲进壳里休眠。

广口瓶

泡沫

形成膜

若是用喷水器朝休眠的蜗牛喷点水，它的头就从壳中伸出来了。

喷水器

氯化钙（干燥剂）

温，不同的活动时间段的行为。观察室外的蜗牛，验证实验中了解到的情况。最后将实验方法和结果用图表或照片的形式整理出来。

触摸蜗牛后，一定要记得洗手。

（蜗牛的饲养方法详见58页。）

气温

将杯子放在冰水中，或将杯子放进热水中，改变杯子的温度。

洗脸盆

冰

冰水

温度计

铝箔盖子

使杯内潮湿。

热水

10   15   20   25

开始不动。   四处活动。   开始不动。

15～20℃时，蜗牛好动。一旦温度太高或太低，它就不再活动。冬季蜗牛一般待在枯叶下休眠。

活动的时间段

打孔

草莓盒

蜗牛

黄瓜切片

黄瓜
吃完后

上午7点至下午7点

上午7点和下午7点，给蜗牛投食。我们可以观察到，蜗牛常在夜间吃东西，并且在凉爽的夜间更为活跃。

下午7点至第二天上午7点

研究蚯蚓的身体构造

　　蚯蚓身体弯弯曲曲的，并不是一种讨人喜爱的生物。但是，它们吃掉腐烂的茎后排出的粪便却变生成土壤的养分。所以，蚯蚓是一种很重要的生物。

　　蚯蚓和沙蚕一样，都属于环节动物。细长的身体有大量的环，一节连着一节，

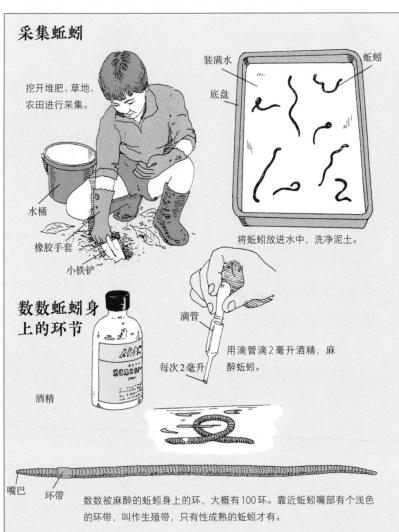

采集蚯蚓

挖开堆肥、草地、农田进行采集。

装满水

蚯蚓

底盘

水桶

橡胶手套

小铁铲

将蚯蚓放进水中，洗净泥土。

数数蚯蚓身上的环节

酒精

滴管

用滴管滴2毫升酒精，麻醉蚯蚓。

每次2毫升

嘴巴

环带

数数被麻醉的蚯蚓身上的环，大概有100环。靠近蚯蚓嘴部有个浅色的环带，叫作生殖带，只有性成熟的蚯蚓才有。

这是蚯蚓的特征。

蚯蚓通常被用作钓鱼的饵料，我们很少有机会接触。试着观察蚯蚓的身体吧！虽然蚯蚓是很重要的生物，但实际上人类并没有仔细地了解它们。仔细观察并试着画草图，也许会有新发现哦。

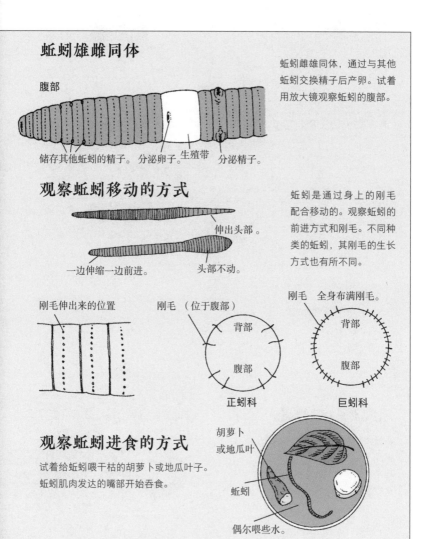

蚯蚓雄雌同体

蚯蚓雌雄同体，通过与其他蚯蚓交换精子后产卵。试着用放大镜观察蚯蚓的腹部。

腹部

储存其他蚯蚓的精子。 分泌卵子。 生殖带 分泌精子。

观察蚯蚓移动的方式

蚯蚓是通过身上的刚毛配合移动的。观察蚯蚓的前进方式和刚毛。不同种类的蚯蚓，其刚毛的生长方式也有所不同。

伸出头部。

一边伸缩一边前进。 头部不动。

刚毛伸出来的位置

刚毛 （位于腹部） 刚毛 全身布满刚毛。

背部 背部

腹部 腹部

正蚓科 巨蚓科

观察蚯蚓进食的方式

试着给蚯蚓喂干枯的胡萝卜或地瓜叶子。蚯蚓肌肉发达的嘴部开始吞食。

胡萝卜或地瓜叶

蚯蚓

偶尔喂些水。

研究蚯蚓喜欢的环境

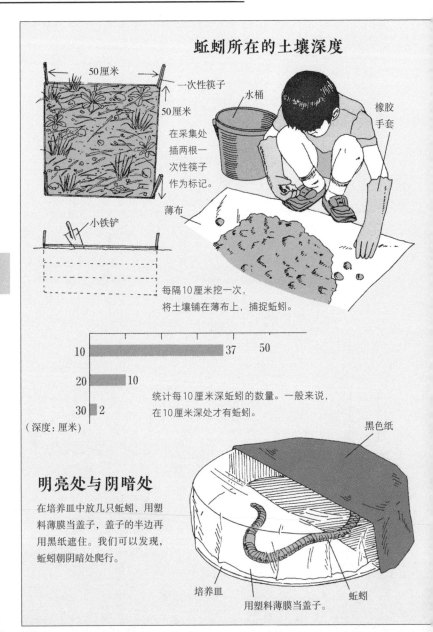

蚯蚓所在的土壤深度

50厘米

一次性筷子

50厘米

在采集处插两根一次性筷子作为标记。

水桶

橡胶手套

薄布

小铁铲

每隔10厘米挖一次，将土壤铺在薄布上，捕捉蚯蚓。

10   37   50

20   10

30   2

（深度：厘米）

统计每10厘米深蚯蚓的数量。一般来说，在10厘米深处才有蚯蚓。

明亮处与阴暗处

在培养皿中放几只蚯蚓，用塑料薄膜当盖子，盖子的半边再用黑纸遮住。我们可以发现，蚯蚓朝阴暗处爬行。

黑色纸

培养皿

用塑料薄膜当盖子。

蚯蚓

蚯蚓喜欢待在潮湿的土壤中。尝试通过观察与实验，确认蚯蚓待在多深的土壤中以及喜欢怎样的土壤。

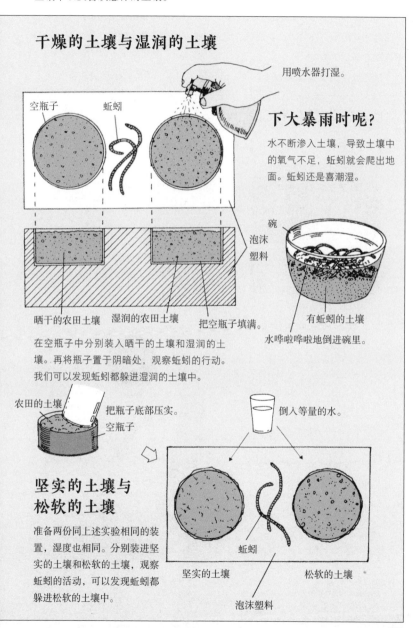

干燥的土壤与湿润的土壤

空瓶子

蚯蚓

用喷水器打湿。

下大暴雨时呢？

水不断渗入土壤，导致土壤中的氧气不足，蚯蚓就会爬出地面。蚯蚓还是喜潮湿。

晒干的农田土壤　湿润的农田土壤　把空瓶子填满。

碗
泡沫塑料

有蚯蚓的土壤

水哗啦哗啦地倒进碗里。

在空瓶子中分别装入晒干的土壤和湿润的土壤。再将瓶子置于阴暗处，观察蚯蚓的行动。我们可以发现蚯蚓都躲进湿润的土壤中。

农田的土壤　把瓶子底部压实。

空瓶子

坚实的土壤与松软的土壤

准备两份同上述实验相同的装置，湿度也相同。分别装进坚实的土壤和松软的土壤，观察蚯蚓的活动，可以发现蚯蚓都躲进松软的土壤中。

倒入等量的水。

蚯蚓

坚实的土壤　　松软的土壤

泡沫塑料

159

考察土壤中的生物

　　杂树林的土壤比较松软，在杂树林中走路的感觉和在经常走的道路或操场上走路的感觉是不一样的。试着翻动落叶，不难发现许多微小生物。那么在我们脚下究竟有多少生物呢？

　　首先选择一个边长50厘米的正方形区域，用镊子采集这个区域地表10厘米

①采集大型生物

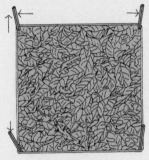

将落叶层放在薄纸上，一边撕下落叶一边用镊子收集生物。

计算所有生物的数量和各类别生物的数量，总结在图表中。进行简单描绘或拍照，并在图鉴中进行查找。

准备的器具

酒精（浓度70% ～ 90%）

一次性筷子　塑料绳　广口瓶　镊子

量出边长50厘米的正方形，在四角插入一次性筷子，用塑料绳围起来。

园艺手套

落叶

薄纸

的土壤里的生物，数出数量。另外，可使用生物分离装置采集镊子无法采集的小型生物并计数，如果能得出令自己惊叹的结果的话，这样的实验就是成功的。

就是因为这些生物（土壤生物）对落叶进行分解，才使得杂树林中的土壤比较松软肥沃。用这样的土壤培育植物，能给植物提供必要的水分。

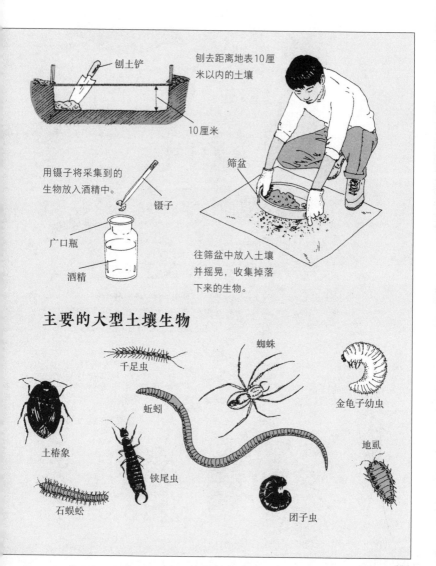

刨土铲

刨去距离地表10厘米以内的土壤

10厘米

用镊子将采集到的生物放入酒精中。

镊子

广口瓶

酒精

筛盆

往筛盆中放入土壤并摇晃，收集掉落下来的生物。

主要的大型土壤生物

千足虫

蜘蛛

金龟子幼虫

蚯蚓

土椿象

铗尾虫

地虱

石蜈蚣

团子虫

②采集小型生物

在160页所介绍的相同位置，插入氯化镁塑料管。

倒出土壤。

将塑料管挖出，放入袋子后带回家。

木槌

直径5厘米、长10厘米的氯化镁塑料管（五金店有售）

过滤网

硬纸板漏斗

生物分离装置

约20瓦的白炽灯

照射一整晚。

用放大镜观察。

生物会掉落下来。

培养皿

酒精

小型生物用生物分离装置采集后，确认种类并计算数量。得出的数量乘以125就是在这块长、宽各50厘米，深10厘米的土壤的生物数量。

扁虱

硬蜱

弹尾虫

主要的小型土壤生物

双尾虫

伪蝎

蚁塚虫

隐翅虫

烟灰虫

头虱

测量自己脚的尺寸

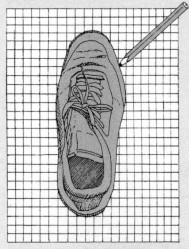

在方格纸上放上鞋子，用铅笔画出轮廓。

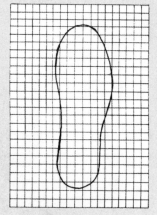

数格子数。一个方格是1平方厘米，由此可以计算出脚底面积。21厘米的鞋大概是135平方厘米。

大型生物和小型生物的总数是长与宽50厘米、深10厘米的区域内生长的生物数量，而用生物总数 × 鞋底面积 ÷ 2500 则可以算出脚下生活的生物数量。我们脚下生长着几万只生物呢。

据说，一勺土壤中，生长着5亿个细菌。

考察多个地方

按照这种办法对不同地方的土壤进行考察，能发现不同地方的土壤生物的数量和种类也有很大差异。

观察笔记

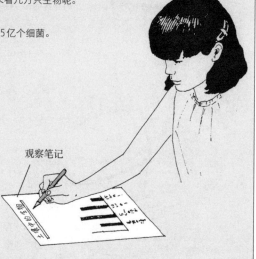

观察浮游生物

　　在池塘或沼泽地里栖息着比青鳉鱼还小的生物，它们小到只能用显微镜才能观察到，这种小型生物叫作浮游生物。浮游生物有不同种类，包括浮游植物和浮游动物。

　　浮游植物被浮游动物吃掉，浮游动物被其他小型生物吃掉，它们之间有这样

在池塘或沼泽中采集

密网

玻璃瓶

用密网或玻璃瓶舀水。

把网翻过来清洗。

用密网舀水的话，将池塘水倒入脸盆后要在水中把网翻过来清洗。

洗脸盆

池塘的水

池塘水倒入其他玻璃瓶内。

玻璃瓶

的食物链关系。如果没有浮游生物的话，其他的生物也无法生存。

观察浮游生物。第一阶段，到池塘或沼泽地采集浮游生物并画出简图；第二阶段，通过图鉴等资料查找浮游生物的名称；进入第三阶段，则要确认不同采集地点中浮游生物的种类是否有变化。

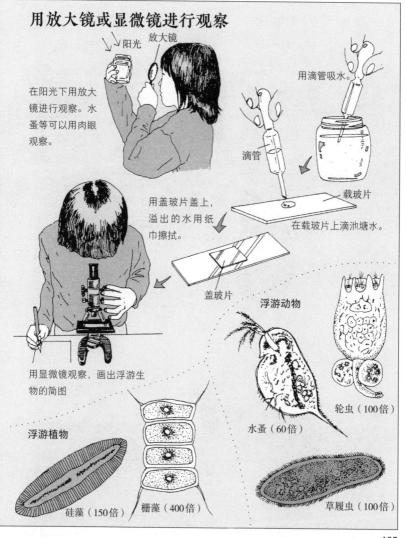

用放大镜或显微镜进行观察

阳光
放大镜

在阳光下用放大镜进行观察。水蚤等可以用肉眼观察。

用滴管吸水。

滴管

载玻片

在载玻片上滴池塘水。

用盖玻片盖上，溢出的水用纸巾擦拭。

盖玻片

用显微镜观察，画出浮游生物的简图

浮游动物

轮虫（100倍）

水蚤（60倍）

浮游植物

硅藻（150倍）

栅藻（400倍）

草履虫（100倍）

165

通过生物了解河水的清洁度

河流中栖息着水生昆虫、贝类、蚯蚓、水虻等生物。这些生物有的对水质要求很高，有的则对水质要求很低。试着在同一条河流的上游、中游、下游分别采集小型生物。越靠近上游水质越好，生物的数量和种类也越多，也能看到很多如石蝇、蜉蝣、飞蛄幼虫这样的生物。越接近下游水质越差，生物整体数量减少，

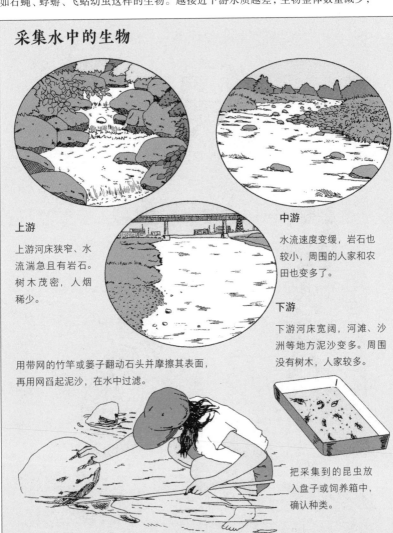

采集水中的生物

上游

上游河床狭窄、水流湍急且有岩石。树木茂密，人烟稀少。

中游

水流速度变缓，岩石也较小，周围的人家和农田也变多了。

下游

下游河床宽阔，河滩、沙洲等地方泥沙变多。周围没有树木，人家较多。

用带网的竹竿或篓子翻动石头并摩擦其表面，再用网舀起泥沙，在水中过滤。

把采集到的昆虫放入盘子或饲养箱中，确认种类。

但水虫、水蚤等生物的数量却有所增多。这是因为受到下游生活排水和工业排水的影响。

　　水生生物能告诉我们水质的好坏。河流中只要有蜉蝣或石蝇的幼虫存在，即使堆满落叶，这样的河流也可以被判定为水质较好。观察时，还可以记录下河流周围的山林状况和是否有人居住。

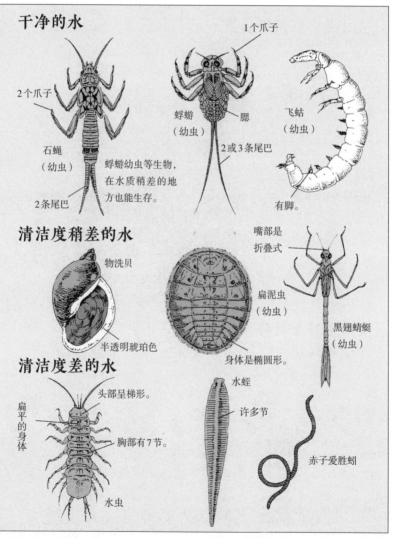

干净的水

2个爪子

石蝇
（幼虫）

2条尾巴

蜉蝣幼虫等生物，在水质稍差的地方也能生存。

1个爪子

蜉蝣
（幼虫）

腮

2或3条尾巴

飞蛉
（幼虫）

有脚。

清洁度稍差的水

物洗贝

半透明琥珀色

嘴部是折叠式

扁泥虫
（幼虫）

身体是椭圆形。

黑翅蜻蜓
（幼虫）

清洁度差的水

头部呈梯形。

扁平的身体

胸部有7节。

水虫

水蛭

许多节

赤子爱胜蚓

观察寄居蟹"搬家"

　　寄居蟹生活在海岸的岩石缝隙中和浅滩上。它们的行动相对缓慢，遇到危险会立刻缩回寄主的壳中一动不动，所以很容易捕捉。捕捉寄居蟹并做实验，观察它们更换寄居外壳的过程。

　　把寄居蟹从贝壳中取出来，观察并绘出寄居蟹的形状。观察它的腹部就能明

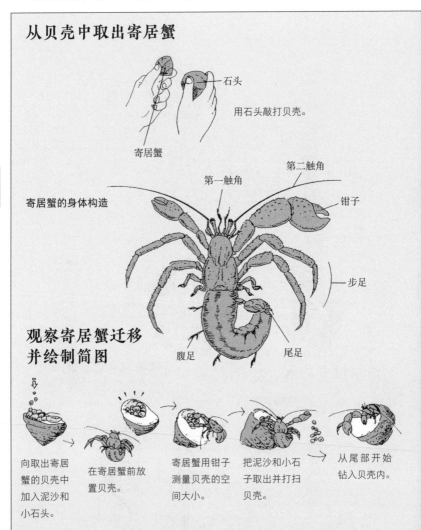

从贝壳中取出寄居蟹

石头

用石头敲打贝壳。

寄居蟹

第二触角

第一触角

钳子

寄居蟹的身体构造

步足

观察寄居蟹迁移并绘制简图

腹足　　尾足

向取出寄居蟹的贝壳中加入泥沙和小石头。

在寄居蟹前放置贝壳。

寄居蟹用钳子测量贝壳的空间大小。

把泥沙和小石子取出并打扫贝壳。

从尾部开始钻入贝壳内。

白为什么寄居蟹选择住在贝壳内了。

　　取出寄居蟹后，往它寄居的贝壳中放入泥沙、小石子等，寄居蟹会采取什么行动呢？画出或拍下寄居蟹的活动吧。之后准备各种不同种类的贝壳，做实验观察寄居蟹喜欢哪种类别的贝壳。

　　从这样的实验结果中，得出寄居蟹对贝壳的喜好也是一件有趣的事情。

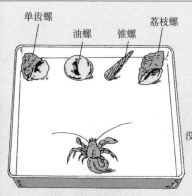

单齿螺
油螺　锥螺
荔枝螺

放置各种形状的贝壳。

对贝壳进行处理

准备4个相同大小的贝壳，用锉刀和胶水进行处理，放置寄居蟹。更换贝壳的位置进行多次实验，看看寄居蟹进入哪一个贝壳。

寄居蟹喜欢什么样的贝壳呢？

放置寄居蟹，改变贝壳的位置进行多次试验，看看寄居蟹喜欢哪一个贝壳。

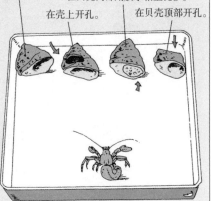

没有处理的贝壳

在壳上开孔。

在贝壳内部用胶水粘上泥沙。

在贝壳顶部开孔。

也可试着做这样的实验

捕捉体型较大的寄居蟹与体型较小的寄居蟹各一只，分别交换它们寄居的贝壳，并放置在平底盘内。观察它们是怎样行动的，并画出简图。

观察玉黍螺和海潮涨落

　　玉黍螺是壳高约1.5厘米的小型海螺，通常黏附在海岸的岩石上，只有在产卵的时候才会浸入海水中，平时则生活在稍稍高出水平面的地方。采集10只玉黍螺并放入装了海水的杯子中。一段时间后，就会发现玉黍螺从海水里逃出，爬到杯子上方。

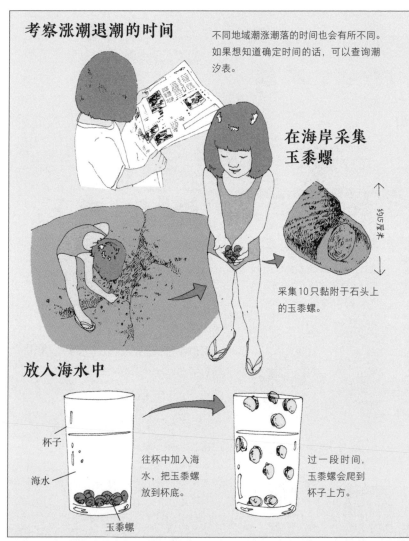

考察涨潮退潮的时间

不同地域潮涨潮落的时间也会有所不同。如果想知道确定时间的话，可以查询潮汐表。

在海岸采集玉黍螺

←约1.5厘米→

采集10只黏附于石头上的玉黍螺。

放入海水中

杯子

海水

玉黍螺

往杯中加入海水，把玉黍螺放到杯底。

过一段时间，玉黍螺会爬到杯子上方。

选择大潮转中潮的时间去海边。受月球引力的影响，海潮一天中会有两次涨退。生活在海岸边的生物会根据海潮起落的时间活动，玉黍螺也不例外。将这一现象拍下来，汇总进实验报告中吧。

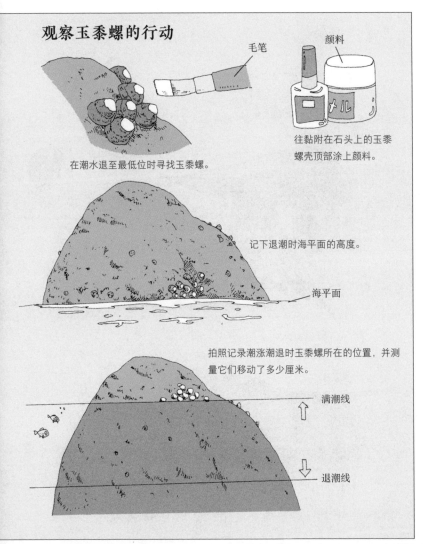

观察玉黍螺的行动

毛笔

颜料

往黏附在石头上的玉黍螺壳顶部涂上颜料。

在潮水退至最低位时寻找玉黍螺。

记下退潮时海平面的高度。

海平面

拍照记录潮涨潮退时玉黍螺所在的位置，并测量它们移动了多少厘米。

满潮线

退潮线

171

观察燕子育雏

　　在东南亚地区度过冬天的燕子，经过几千千米的长途飞行后到达北方哺育它们的后代。它们以农作物的害虫为食，因此，从古至今人们都很喜欢燕子。另外，燕子知道自己的天敌害怕人类，不敢靠近人类，所以在居家附近筑巢。可以说燕子是最容易观察的鸟类。试着观察燕子如何育雏吧！春天，燕子还没到来的时候，

先寻找旧巢

先找去年的旧巢。燕子经常在同一个地方筑巢。

自行车的镜子
绑住。
巢
木棒

观察燕子筑巢

新泥
干燥的泥土
用尾羽支撑身体。

观察燕巢，需要如图所示的工具。数数一个巢穴中有几个蛋。

用混有唾液的泥土打"地基"，再用尾羽一边顶住巢穴，一边拨进新的泥土。

观察燕子育雏

枯草
燕子蛋
羽毛

筑巢完成后，母燕马上开始生蛋，之后专心孵蛋。

先去寻找一下它们去年的旧巢，因为燕子可能会利用去年的旧巢。燕子筑完巢后，会在新巢中产卵并养育雏燕。可以画出燕子筑巢和雏燕成长过程的简图，也可以在表格中记录燕子给雏燕喂的食物，一天喂食几次等信息。燕妈妈如果受到惊吓，可能会弃巢离开，所以在观察燕巢的时候要小心。

喂食。只要有一只雏燕开始鸣叫，所有的雏燕都会张开嘴鸣叫。

孵化大约需要2周时间，而雏燕睁眼则还需要1周。

鞘翅

孵化后2周左右，雏燕长出像刺一样的鞘翅。鞘翅前端开始分叉后，羽毛就长出来了。

用水洗

滤茶网

粪便

纸张

燕子妈妈

小燕子离巢后，燕子妈妈还是会给它们喂食。

雏燕

研究食物

研究落在燕巢下面的燕子粪便，可以了解它们的食物。

搬运食物的次数

考察燕妈妈一小时搬运几次食物。在雏燕离巢前大约是2～3分钟一次。

173

考察雨蛙体色的变化

　　雨蛙在草地上时，身体是绿色的；在土地上或枯叶上时，体色会变成带斑点的灰色。雨蛙体色会改变的原因是它体细胞中的色素发生转移。

　　捕捉雨蛙，并放入彩色箱子中。观察雨蛙的体色怎样随着时间的变化而变化，以及从哪个时间点开始变化。

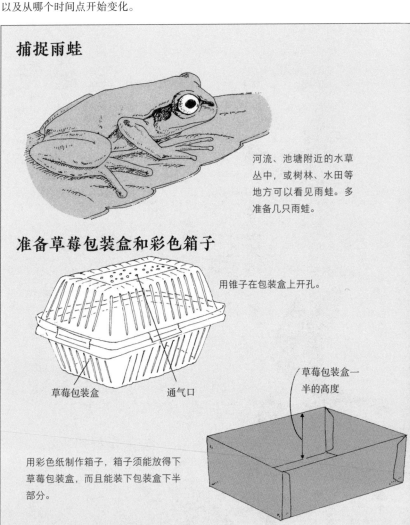

捕捉雨蛙

河流、池塘附近的水草丛中，或树林、水田等地方可以看见雨蛙。多准备几只雨蛙。

准备草莓包装盒和彩色箱子

用锥子在包装盒上开孔。

草莓包装盒　　　通气口

草莓包装盒一半的高度

用彩色纸制作箱子，箱子须能放得下草莓包装盒，而且能装下包装盒下半部分。

另外，也可以准备多种颜色的箱子，观察比较雨蛙会变成哪种颜色。

蛙类只以活物为食，所以饲养起来很辛苦。实验完成后，记得要把雨蛙放回原来生活的地方。

放入箱子中研究体色变化

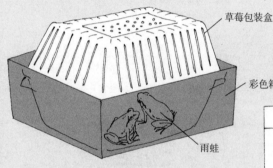

草莓包装盒

彩色箱子

雨蛙

蓝色箱子	
10	
20	部分变化
30	完全变化
40	…
50	变黑
60	…
(分钟)	

把雨蛙放入草莓包装盒内，用透明胶带固定住盖子。把整个包装盒放入蓝色、黑色、褐色的箱子中，每十分钟观察一次雨蛙的体色变化并拍照记录。

考察从什么部位开始变化

仔细记录雨蛙从身体的哪个部位开始变化，以及怎样发生变化。

实际感受保护色的作用

在生物世界里，存在着吃与被吃的食物链关系。没有防身武器的生物，为了不被天敌发现，也是用尽全身解数。你是否有过这样的经验——以为是干枯的枝叶在移动，吃了一惊，但仔细一看发现那是竹节虫？动物根据周围的环境模拟出类似的形态叫作拟态；根据周围环境的颜色变化的体色叫作保护色。竹节虫既拥

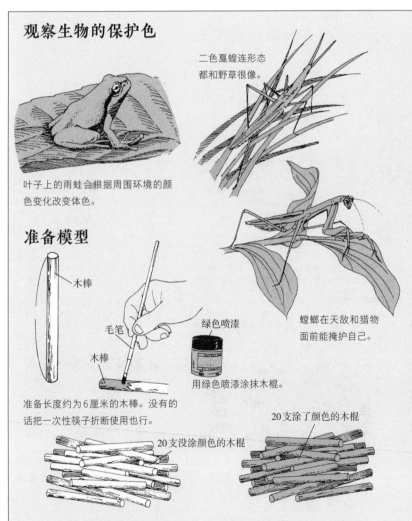

观察生物的保护色

二色蔑蝗连形态都和野草很像。

叶子上的雨蛙会根据周围环境的颜色变化改变体色。

准备模型

木棒

毛笔

木棒

绿色喷漆

用绿色喷漆涂抹木棍。

螳螂在天敌和猎物面前能掩护自己。

准备长度约为6厘米的木棒。没有的话把一次性筷子折断使用也行。

20支没涂颜色的木棍

20支涂了颜色的木棍

有拟态能力也有保护色。拟态和保护色既能迷惑天敌，也能帮助动物捕食猎物。

观察变色的动物，并简单进行实验，探究保护色有什么样的效果，最后把实验结果总结在图表内。可两人一组进行实验。

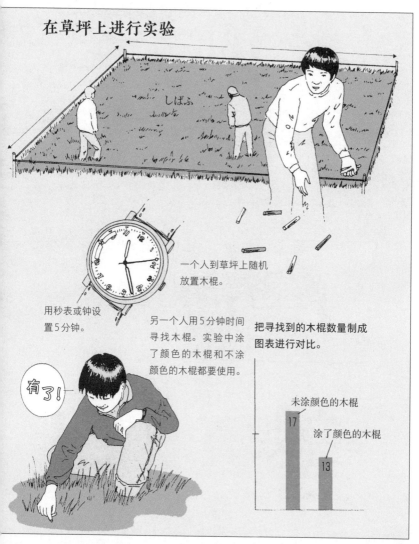

在草坪上进行实验

しばふ

一个人到草坪上随机放置木棍。

用秒表或钟设置5分钟。

另一个人用5分钟时间寻找木棍。实验中涂了颜色的木棍和不涂颜色的木棍都要使用。

有了！

把寻找到的木棍数量制成图表进行对比。

未涂颜色的木棍
17

涂了颜色的木棍
13

青鳉鱼的成长全记录

采集青鳉鱼

在河流或池塘中，采集雄性和雌性青鳉鱼各5条。

水桶

网

雄性

背鳍　切口

平行四边形

腹鳍

雌性

三角形

腹鳍

饲养青鳉鱼

水草

气泵　　石粒

鱼卵附在水草上。

鱼卵

鱼卵

水温达到20摄氏度左右时，青鳉鱼开始产卵。产卵时间多在黎明时分或早晨。

隔板　　附着鱼卵的水草

可以连水草带鱼卵转移到其他水槽，也可以在原来的水槽中隔出另一个区域。

青鳉鱼生命力顽强，容易饲养。认真地记录下青鳉鱼从产卵到孵化的过程，并画出简图或拍照（青鳉鱼的饲养方法见60页）。

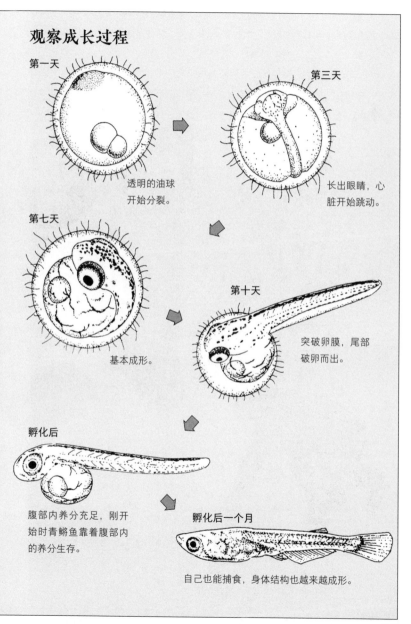

观察成长过程

第一天

透明的油球开始分裂。

第三天

长出眼睛，心脏开始跳动。

第七天

基本成形。

第十天

突破卵膜，尾部破卵而出。

孵化后

腹部内养分充足，刚开始时青鳉鱼靠着腹部内的养分生存。

孵化后一个月

自己也能捕食，身体结构也越来越成形。

人类与黑猩猩

　　人类和黑猩猩很相似，黑猩猩是与人类血缘最近的动物。有研究表明，黑猩猩和人类基因仅有1%的差异。比起大猩猩，人类和黑猩猩之间的遗传因子更为接近。

　　即便如此，人类与黑猩猩之间的差异还是很多的。大约500万年前，我们共

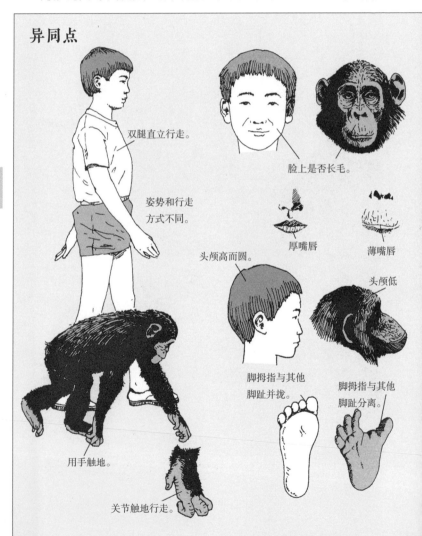

异同点

双腿直立行走。

姿势和行走
方式不同。

头颅高而圆。

用手触地。

关节触地行走。

脸上是否长毛。

厚嘴唇

薄嘴唇

头颅低

脚拇指与其他
脚趾并拢。

脚拇指与其他
脚趾分离。

同的祖先发生分化，黑猩猩留在森林中，而人类祖先则走进草原。这500万年的时间导致了人类与黑猩猩之间的差异。

到动物园观察黑猩猩，对比它们与自己的异同点，画出自己感兴趣的地方并进行总结。观察人类与黑猩猩生活习性的差异是件很有趣的事情。如果画图太麻烦的话，也可以拍照。

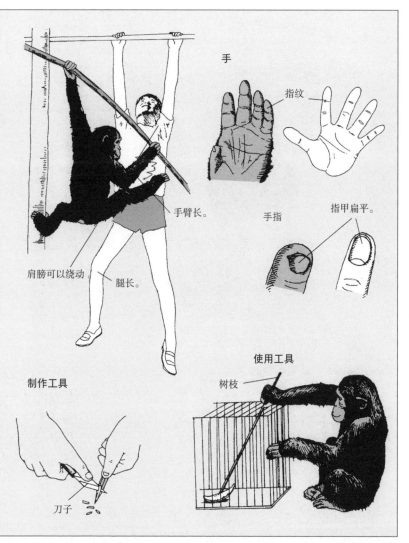

手

指纹

手臂长。

手指

指甲扁平。

肩膀可以绕动。

腿长。

使用工具

制作工具

树枝

刀子

描绘微观世界

通过显微镜描绘

2 H铅笔

橡皮擦

毛刷

用左眼透过目镜观察，用右眼一边观察图纸一边绘简图。

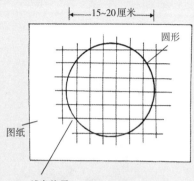

15~20厘米

圆形

图纸

浅色格子

用铅笔轻轻地在图纸上画出方格，并画出直径15～20厘米的圆形。圆形表示显微镜的成像范围，方格可以用来预估所画物体的位置。

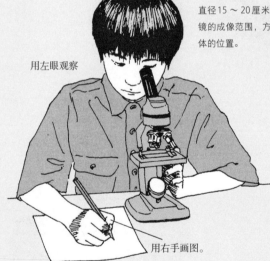

用左眼观察

用右手画图。

务必在图纸上贴上写有绘画日期和注意事项的标签。

贴上标签

写上日期、绘画内容、显微镜倍率、注意事项。

使用显微镜观察各种不同的植物吧。如果只是单纯地观察，乐趣并不多，试着把观察到的微观世界描绘出来吧。

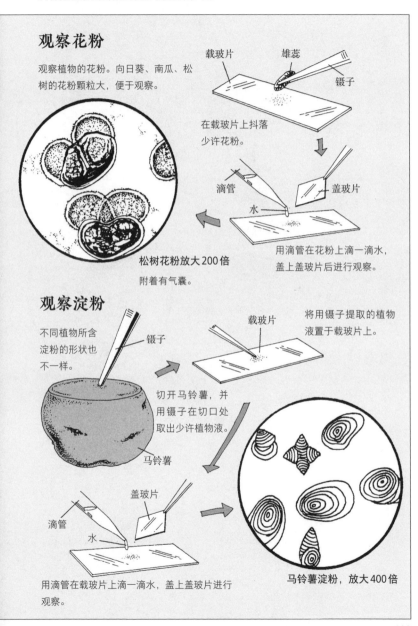

观察花粉

观察植物的花粉。向日葵、南瓜、松树的花粉颗粒大，便于观察。

载玻片　雄蕊　镊子

在载玻片上抖落少许花粉。

滴管　盖玻片　水

用滴管在花粉上滴一滴水，盖上盖玻片后进行观察。

松树花粉放大200倍

附着有气囊。

观察淀粉

不同植物所含淀粉的形状也不一样。

镊子

将用镊子提取的植物液置于载玻片上。

载玻片

切开马铃薯，并用镊子在切口处取出少许植物液。

马铃薯

盖玻片

滴管　水

用滴管在载玻片上滴一滴水，盖上盖玻片进行观察。

马铃薯淀粉，放大400倍

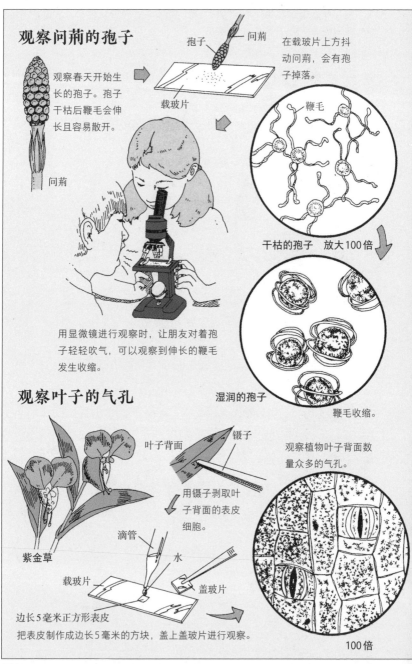

观察问荆的孢子

观察春天开始生长的孢子。孢子干枯后鞭毛会伸长且容易散开。

问荆

孢子 —— 问荆

在载玻片上方抖动问荆，会有孢子掉落。

载玻片

鞭毛

干枯的孢子 放大100倍

用显微镜进行观察时，让朋友对着孢子轻轻吹气，可以观察到伸长的鞭毛发生收缩。

湿润的孢子

鞭毛收缩。

观察叶子的气孔

叶子背面

镊子

用镊子剥取叶子背面的表皮细胞。

紫金草

滴管 水

载玻片

盖玻片

观察植物叶子背面数量众多的气孔。

边长5毫米正方形表皮
把表皮制作成边长5毫米的方块，盖上盖玻片进行观察。

100倍

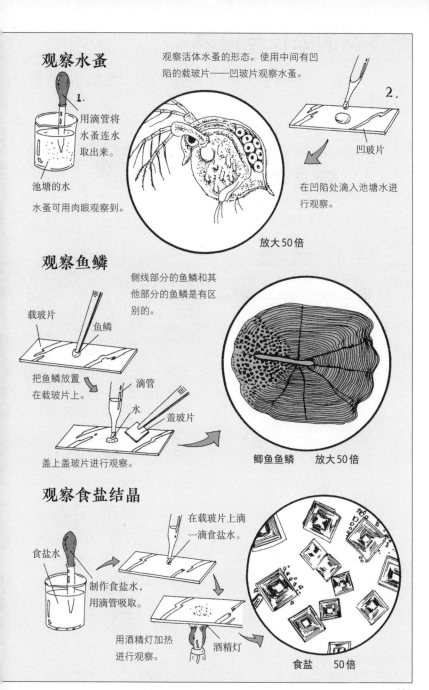

观察水蚤

观察活体水蚤的形态。使用中间有凹陷的载玻片——凹玻片观察水蚤。

1. 用滴管将水蚤连水取出来。

池塘的水
水蚤可用肉眼观察到。

2.

凹玻片

在凹陷处滴入池塘水进行观察。

放大50倍

观察鱼鳞

侧线部分的鱼鳞和其他部分的鱼鳞是有区别的。

载玻片
鱼鳞
把鱼鳞放置在载玻片上。

滴管
水
盖玻片
盖上盖玻片进行观察。

鲫鱼鱼鳞　　放大50倍

观察食盐结晶

食盐水
制作食盐水，用滴管吸取。

在载玻片上滴一滴食盐水。

用酒精灯加热进行观察。

酒精灯

食盐　　50倍

185

牵牛花的成长全记录

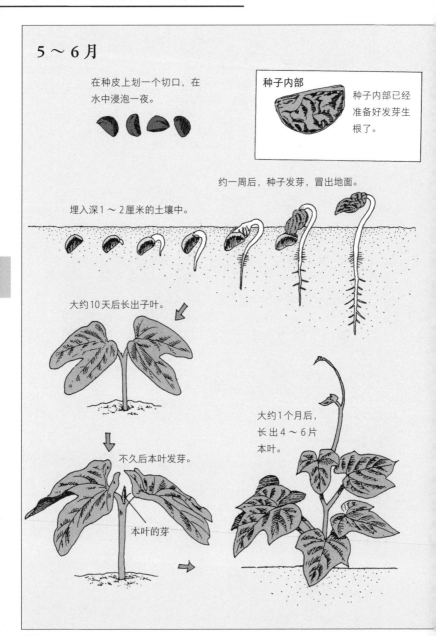

5～6月

在种皮上划一个切口，在水中浸泡一夜。

种子内部

种子内部已经准备好发芽生根了。

约一周后，种子发芽，冒出地面。

埋入深1～2厘米的土壤中。

大约10天后长出子叶。

不久后本叶发芽。

本叶的芽

大约1个月后，长出4～6片本叶。

详细记录牵牛花从育种、开花到结果的过程。培育过程需要花时间，耐心坚持下去。

6～7月

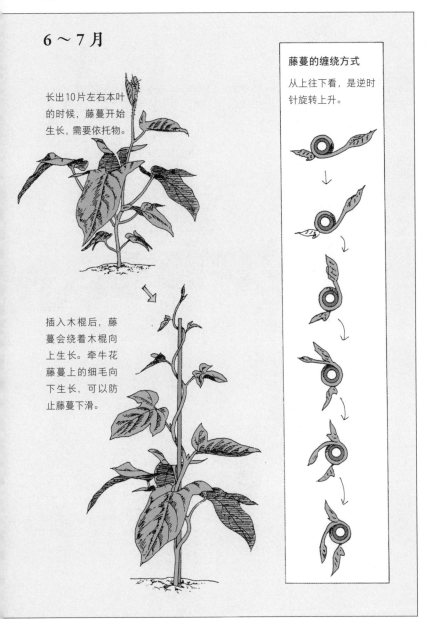

长出10片左右本叶的时候，藤蔓开始生长，需要依托物。

插入木棍后，藤蔓会绕着木棍向上生长。牵牛花藤蔓上的细毛向下生长，可以防止藤蔓下滑。

藤蔓的缠绕方式

从上往下看，是逆时针旋转上升。

7～8月

花芽

大约两个半月后，在叶子的根部长出花芽。

花芽鼓起来。

第二天长出花蕾，花蕾顺时针旋转。

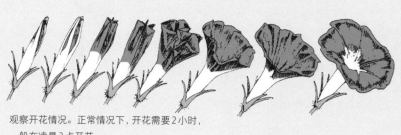

观察开花情况。正常情况下，开花需要2小时，一般在凌晨3点开花。

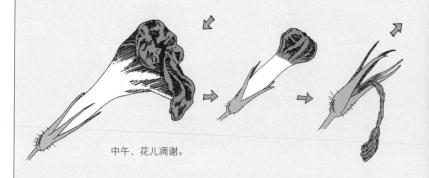

中午，花儿凋谢。

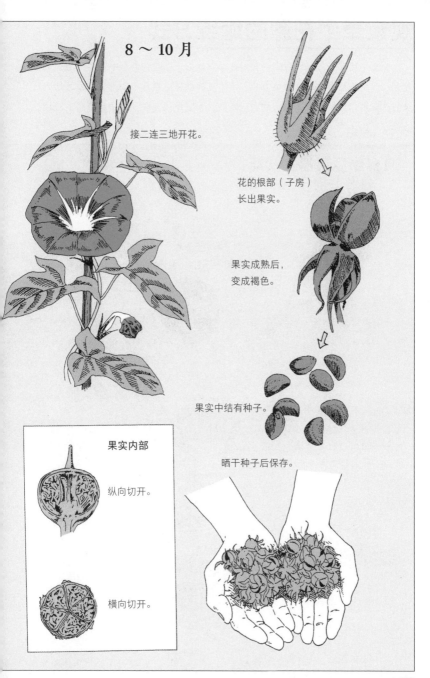

8 ～ 10 月

接二连三地开花。

花的根部（子房）
长出果实。

果实成熟后，
变成褐色。

果实中结有种子。

晒干种子后保存。

果实内部

纵向切开。

横向切开。

189

观察牵牛花藤的缠绕方式

学校一般都会布置培育牵牛花的作业。然而，那是针对牵牛花生长方式的观察，很少涉及牵牛花藤缠绕方式。牵牛花的藤蔓总是在不知不觉中就开始缠绕着支架攀爬。但是只要仔细耐心地观察，大家都能观察到牵牛花藤蔓的缠绕方法。

观察藤蔓顶端及活动

透明的亚克力板

标记

50厘米

中间的箭头

在亚克力板的中间及四边中点画出箭头。

边长50厘米的透明亚克力板（五金店有售）

藤蔓顶端有向下生长的细毛，因此不容易脱落。

签字笔

把牵牛花的茎绑在支柱上，为了使藤蔓能自由生长，留出10厘米左右的长度。

将亚克力板对齐地面的标记，用签字笔每隔10分钟在亚克力板上画出藤蔓的位置。

打结。

支柱

放置在十字的中间位置。

画十字标记。

观察藤蔓的构造和运动。首先慢慢移开支柱，观察移开多少距离时藤蔓不再缠绕支柱；另外，看看支柱的宽度达到多少后藤蔓不再绕其生长。

（牵牛花的培育方法见62页。）

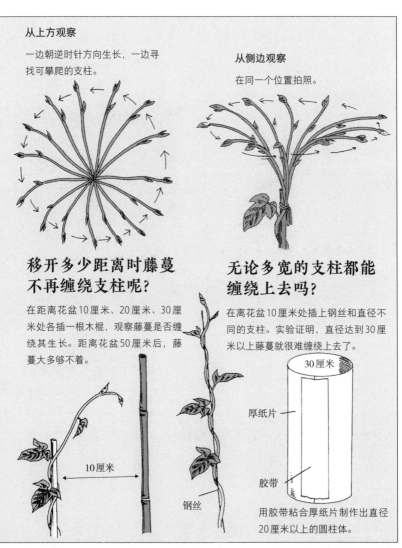

从上方观察

一边朝逆时针方向生长，一边寻找可攀爬的支柱。

从侧边观察

在同一个位置拍照。

移开多少距离时藤蔓不再缠绕支柱呢？

在距离花盆10厘米、20厘米、30厘米处各插一根木棍，观察藤蔓是否缠绕其生长。距离花盆50厘米后，藤蔓大多够不着。

10厘米

钢丝

无论多宽的支柱都能缠绕上去吗？

在离花盆10厘米处插上钢丝和直径不同的支柱。实验证明，直径达到30厘米以上藤蔓就很难缠绕上去了。

30厘米

厚纸片

胶带

用胶带粘合厚纸片制作出直径20厘米以上的圆柱体。

观察牵牛花开花

  牵牛花别名"朝颜",花如其名,无论多早起床都能看到绽放的牵牛花。然而,接近中午时分,花朵就会凋谢。尽量在夜间2点起床,等待牵牛花开花。通过观察可知,牵牛花是在凌晨3～4点天尚未亮时开花,而不是在天亮后。

  牵牛花是在黑夜中开花的,这种植物称为短日照植物。夏至过后,夜晚越来

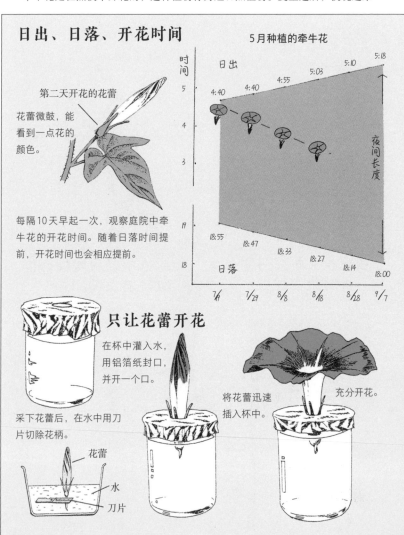

日出、日落、开花时间

5月种植的牵牛花

第二天开花的花蕾

花蕾微鼓,能看到一点花的颜色。

每隔10天早起一次,观察庭院中牵牛花的开花时间。随着日落时间提前,开花时间也会相应提前。

时间

日出

4:40 4:40 4:55 5:03 5:10 5:18

夜间长度

18:55 18:47 18:33 18:27 18:14 18:00

日落

7/19 7/29 8/8 8/18 8/28 9/7

只让花蕾开花

在杯中灌入水,用铝箔纸封口,并开一个口。

采下花蕾后,在水中用刀片切除花柄。

将花蕾迅速插入杯中。

充分开花。

花蕾

水

刀片

越长。牵牛花是在 7 ～ 9 月天气尚暖的时候开花、结果。让我们来研究一下牵牛花的开花时间吧。此外，由于牵牛花能感受到夜晚的长短，所以如果人为改变黑夜时间的话，开花时间也会随之改变。以整盆牵牛花作为研究对象难度较大，因此只截取花蕾进行试验即可。

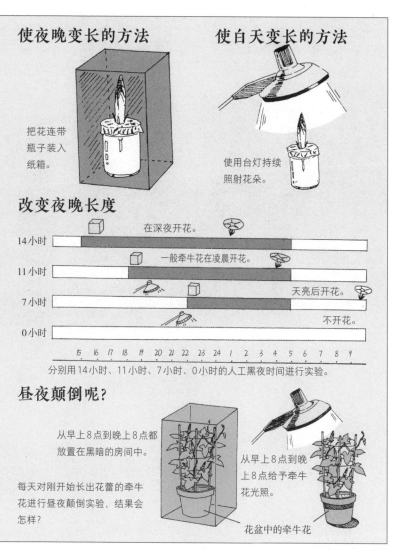

使夜晚变长的方法

把花连带瓶子装入纸箱。

使白天变长的方法

使用台灯持续照射花朵。

改变夜晚长度

14小时　　在深夜开花。

11小时　　一般牵牛花在凌晨开花。

7小时　　　　天亮后开花。

0小时　　　　不开花。

15 16 17 18 19 20 21 22 23 24 1 2 3 4 5 6 7 8 9

分别用14小时、11小时、7小时、0小时的人工黑夜时间进行实验。

昼夜颠倒呢？

从早上8点到晚上8点都放置在黑暗的房间中。

每天对刚开始长出花蕾的牵牛花进行昼夜颠倒实验，结果会怎样？

从早上8点到晚上8点给予牵牛花光照。

花盆中的牵牛花

向日葵的成长全记录

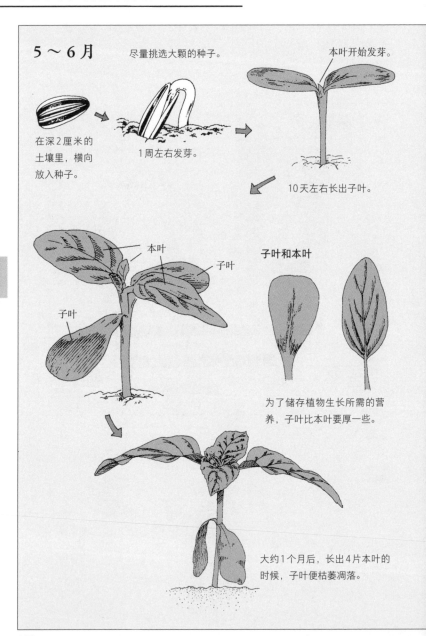

5 ～ 6 月

尽量挑选大颗的种子。

本叶开始发芽。

在深2厘米的土壤里，横向放入种子。

1周左右发芽。

10天左右长出子叶。

本叶

子叶

子叶

子叶和本叶

为了储存植物生长所需的营养，子叶比本叶要厚一些。

大约1个月后，长出4片本叶的时候，子叶便枯萎凋落。

向日葵是夏季的代表性植物。可用文字、简图或照片认真记录下向日葵从播种到开花、结果的过程（向日葵的培育方式见64页）。

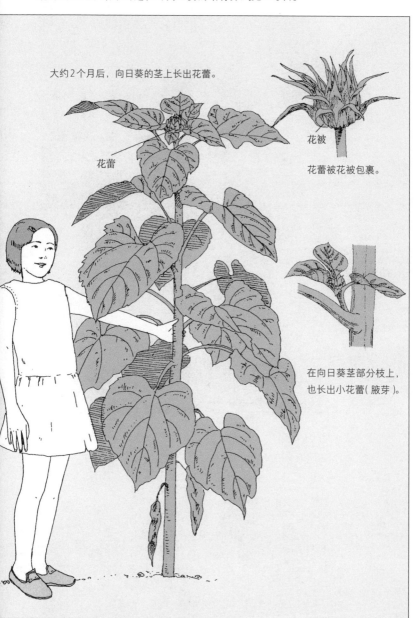

大约2个月后，向日葵的茎上长出花蕾。

花蕾

花被

花蕾被花被包裹。

在向日葵茎部分枝上，也长出小花蕾（腋芽）。

7～8月

大约两个半月后花蕾鼓起。

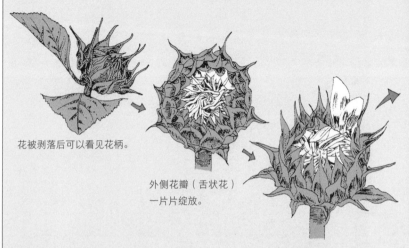

花被剥落后可以看见花柄。

外侧花瓣（舌状花）
一片片绽放。

花朵构造

向日葵的花是由很多小花聚合而成的。纵向切开花朵，可以看到两种花。外侧花是舌状花，内侧花是管状花。

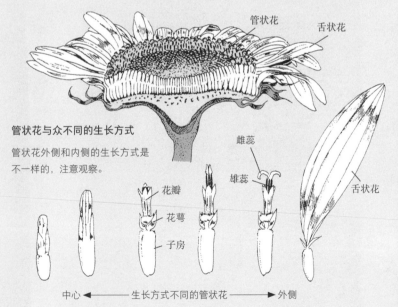

管状花

舌状花

管状花与众不同的生长方式

管状花外侧和内侧的生长方式是不一样的，注意观察。

花瓣

花萼

子房

雌蕊

雄蕊

舌状花

中心 ◄—— 生长方式不同的管状花 ——► 外侧

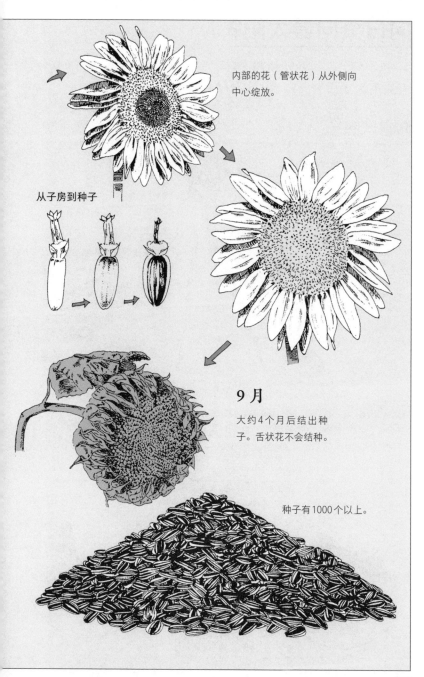

内部的花（管状花）从外侧向中心绽放。

从子房到种子

9 月

大约4个月后结出种子。舌状花不会结种。

种子有1000个以上。

向日葵向着太阳?

　　顾名思义，向日葵是向着太阳转的花。为什么会有这样一个名字呢？它真的总是向着太阳转动吗？

　　首先，把长出3片本叶的小向日葵盆栽放在整天都能晒到阳光的地方，在上午9点、中午12点、下午3点这3个时间点进行观察，可以得知，向日葵的茎没

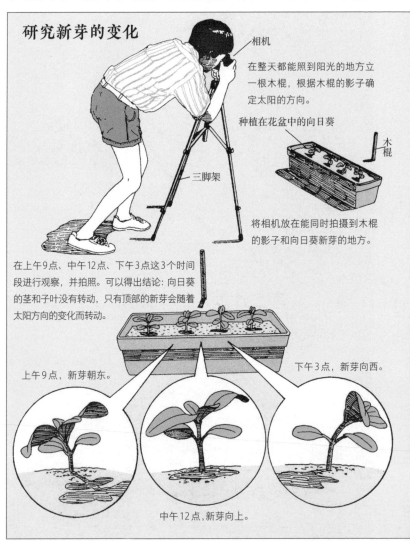

研究新芽的变化

相机

在整天都能照到阳光的地方立一根木棍，根据木棍的影子确定太阳的方向。

种植在花盆中的向日葵

木棍

三脚架

将相机放在能同时拍摄到木棍的影子和向日葵新芽的地方。

在上午9点、中午12点、下午3点这3个时间段进行观察，并拍照。可以得出结论: 向日葵的茎和子叶没有转动，只有顶部的新芽会随着太阳方向的变化而转动。

上午9点，新芽朝东。

下午3点，新芽向西。

中午12点，新芽向上。

有转动，只有顶部的新芽会随着太阳方向转动。

　　在向日葵长出花蕾后，选一个晴天进行观察，可以发现花蕾也会随着太阳位置的变化而转动。

　　那么，夜晚向日葵会向着哪个方向呢？开花后，向日葵是不是还会随着太阳转动呢？

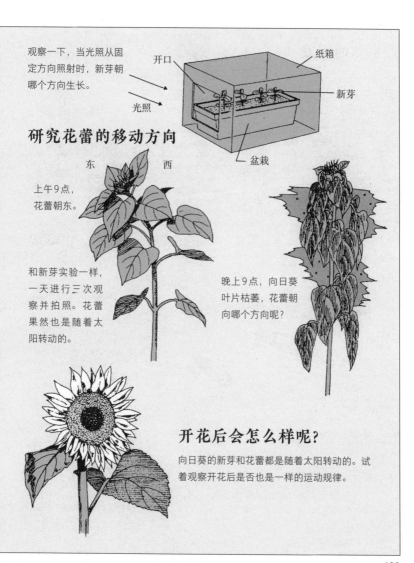

观察一下，当光照从固定方向照射时，新芽朝哪个方向生长。

开口

纸箱

光照

新芽

盆栽

研究花蕾的移动方向

东　　　西

上午9点，花蕾朝东。

和新芽实验一样，一天进行三次观察并拍照。花蕾果然也是随着太阳转动的。

晚上9点，向日葵叶片枯萎，花蕾朝向哪个方向呢？

开花后会怎么样呢？

向日葵的新芽和花蕾都是随着太阳转动的。试着观察开花后是否也是一样的运动规律。

观察向日葵根、茎、叶的生长

　　大家应该看过各种植物的种子吧？大部分种子都只有指尖大小。然而，这小小的种子有着令人惊奇的生命力。利用向日葵观察植物的生长吧。

　　虽说向日葵的种子比牵牛花的种子大，那也不过长约1厘米。种子发芽生长后，有可能长成3米高的向日葵。

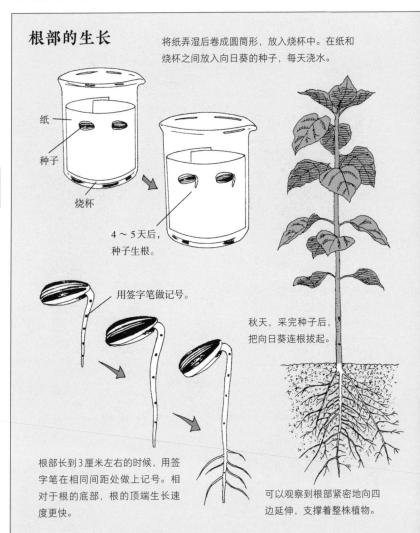

根部的生长

将纸弄湿后卷成圆筒形，放入烧杯中。在纸和烧杯之间放入向日葵的种子，每天浇水。

纸

种子

烧杯

4～5天后，
种子生根。

用签字笔做记号。

根部长到3厘米左右的时候，用签字笔在相同间距处做上记号。相对于根的底部，根的顶端生长速度更快。

秋天，采完种子后，把向日葵连根拔起。

可以观察到根部紧密地向四边延伸，支撑着整株植物。

记录茎的高度时，我们会发现，虽然从长出子叶到长出本叶的过程相对缓慢，但是大约一个月以后，向日葵便会迅速生长。有时三四天就能长10厘米。

向日葵的根、叶、茎是怎样生长起来的呢？

（向日葵的培育方法见64页。）

铅笔

叶片

纸

叶子的生长

确定要观察的叶片，在叶片背面放上纸，用铅笔摹画出叶子的形状。每10天画一次，这样就能记录下它的生长状况了。

在叶片上用签字笔画出格子，过10天后再观察，发现叶子是从叶柄处向外伸长的。

本叶的数量

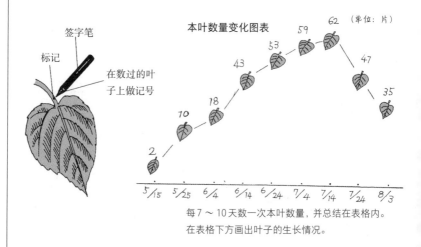

标记

签字笔

在数过的叶子上做记号

本叶数量变化图表   （单位：片）

每7～10天数一次本叶数量，并总结在表格内。
在表格下方画出叶子的生长情况。

茎部的生长

在本叶长到4～5片的时候，使用与观察根部时同样的方法在茎部用签字笔做标记。过10天左右，也可获知茎部是在顶端生长的结论。

在测量位置做上标记。

卷尺

用卷尺测量茎部的粗细。在测量的
地方用签字笔做上记号。

200（单位：厘米）

180

150

茎部高度表

从子叶时期开始，每7～10天用卷尺
测量一次高度，并总结成图表。

80

62

55

47

8 — 20

5/15 5/25 6/4 6/14 6/24 7/4 7/14 7/24 8/3

观察庭院里的杂草

庭院中的植物如果不经常修剪的话，很快就会长出杂草。然而，同种杂草也不可能一直茂盛地生长着，不知不觉中就会被新生的杂草替代。它们会迅速地开花、结籽、枯萎。杂草消失，它们的种子还活跃在土壤里，一旦环境适宜就会重生。

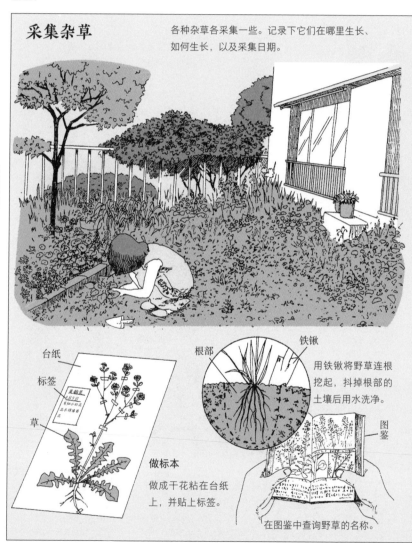

采集杂草

各种杂草各采集一些。记录下它们在哪里生长、如何生长，以及采集日期。

台纸

标签

草

做标本

做成干花粘在台纸上，并贴上标签。

根部

铁锹

用铁锹将野草连根挖起，抖掉根部的土壤后用水洗净。

图鉴

在图鉴中查询野草的名称。

将野草拔起制作标本。在图鉴中查出它们的名称和原产地，并在标本的标签上做记录，这样的实验一天就能完成。如果打算长期进行观察，可以研究杂草是如何随季节变化而发生变化的。

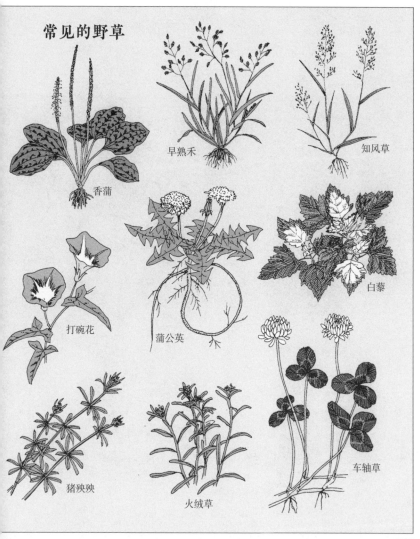

常见的野草

香蒲

早熟禾

知风草

打碗花

蒲公英

白藜

猪殃殃

火绒草

车轴草

观察植物的生命力 ①蔬菜的切块

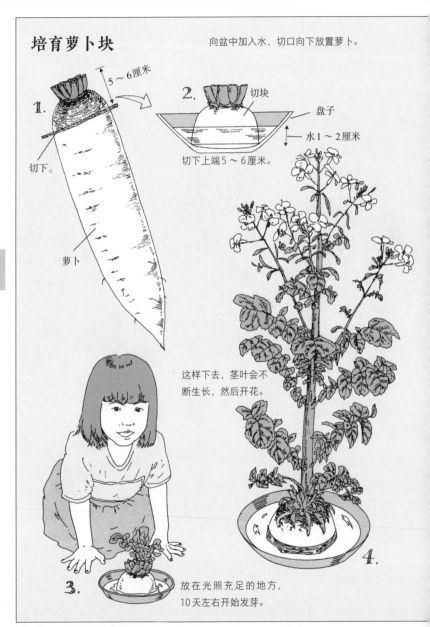

培育萝卜块

向盆中加入水，切口向下放置萝卜。

1. 5～6厘米

切下。

萝卜

2. 切块

盘子

水1～2厘米

切下上端5～6厘米。

这样下去，茎叶会不断生长，然后开花。

3.

放在光照充足的地方，10天左右开始发芽。

4.

如果把做菜用剩的蔬菜切块放入水中，它们就会长出叶子。植物就是有这样旺盛的生命力。用绘图或拍照的方式记录下蔬菜的生长过程吧。

试试各种蔬菜

2～3厘米
切
胡萝卜

洋葱
1～2厘米

像切萝卜那样切取2～3厘米。

从靠近根部处切取1～2厘米。

牛蒡

5～6厘米

像切萝卜那样切，切块略长于萝卜。

也可以用芋头进行实验，把整个芋头放入水中培育。

观察植物的生命力 ②各种植物

前面我们介绍了蔬菜切块的培育方法。即使被切成小块，一些植物也具有能长成原来大小的生命力。也有海藻类的植物，被海浪冲断后，在其他地方也能扎根生长、繁殖旺盛。这种不依赖于种子的繁殖方法被称为营养繁殖。

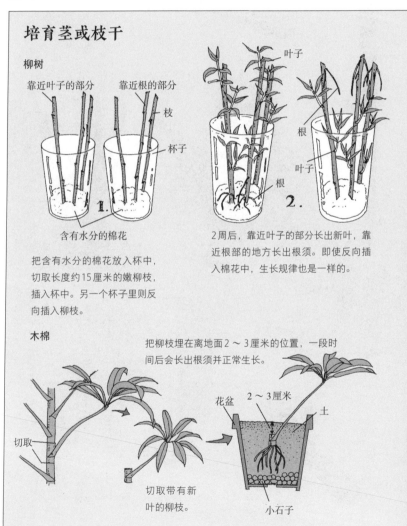

培育茎或枝干

柳树

靠近叶子的部分　靠近根的部分

枝

杯子

叶子

根

叶子

根

含有水分的棉花

把含有水分的棉花放入杯中，切取长度约15厘米的嫩柳枝，插入杯中。另一个杯子里则反向插入柳枝。

2周后，靠近叶子的部分长出新叶，靠近根部的地方长出根须。即使反向插入棉花中，生长规律也是一样的。

木棉

把柳枝埋在离地面2～3厘米的位置，一段时间后会长出根须并正常生长。

花盆

2～3厘米

土

切取

切取带有新叶的柳枝。

小石子

人类正是因为懂得植物具有顽强的生命力，所以用扦插、嫁接等方法进行植物品种改良。最近，人们通过使用植物长势最好的部分中的细胞进行克隆，得到大量的植物，使得原本很昂贵的植物价格降低了。生物技术的研发正是利用了植物的这种特点。

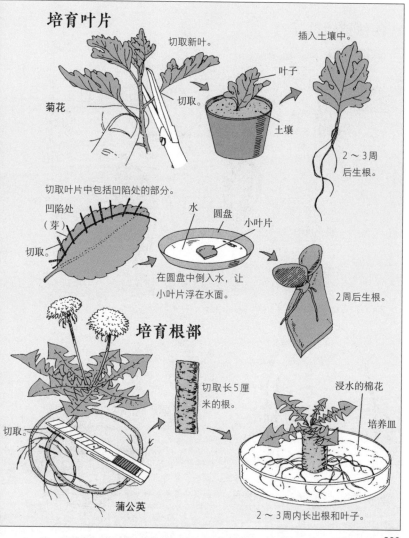

培育叶片

切取新叶。

插入土壤中。

菊花

切取

叶子

土壤

2～3周后生根。

切取叶片中包括凹陷处的部分。

凹陷处（芽）

切取

水　圆盘　小叶片

在圆盘中倒入水，让小叶片浮在水面。

2周后生根。

培育根部

切取。

切取长5厘米的根。

浸水的棉花

培养皿

蒲公英

2～3周内长出根和叶子。

考察子叶的作用

　　播种后，最先长出来的是植物的子叶。子叶是由种子中的胚发育而来。子叶很容易让人想到双子叶，但是双子叶是双子叶植物特有的。百合等单子叶植物的子叶只有一片，松树之类的裸子植物则有多片子叶轮生。去野外走走，观察一下吧。

　　子叶的功能是为茎部的生长、根部的发育储存能量，并在其他叶片未长出之

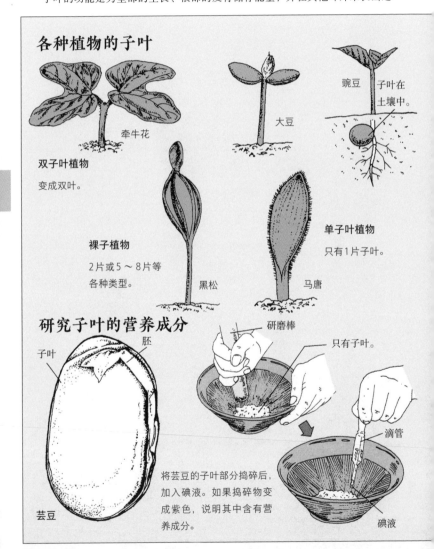

各种植物的子叶

牵牛花

双子叶植物
变成双叶。

大豆

豌豆　子叶在土壤中。

裸子植物
2片或5～8片等各种类型。

黑松

马唐

单子叶植物
只有1片子叶。

研究子叶的营养成分

胚

子叶

研磨棒

只有子叶。

芸豆

滴管

将芸豆的子叶部分捣碎后，加入碘液。如果捣碎物变成紫色，说明其中含有营养成分。

碘液

前进行光合作用。

　　将大豆种植在花盆中，观察并确认大豆在2片子叶、1片子叶、没有子叶这3种情况下的生长状况是否相同（确认子叶储存营养成分的功能）。另外，把牵牛花种植在花盆中，比较牵牛花在2片子叶正常接受光照和用黑纸袋覆盖子叶2种情况下的生长情况是否相同（确认光合作用）。

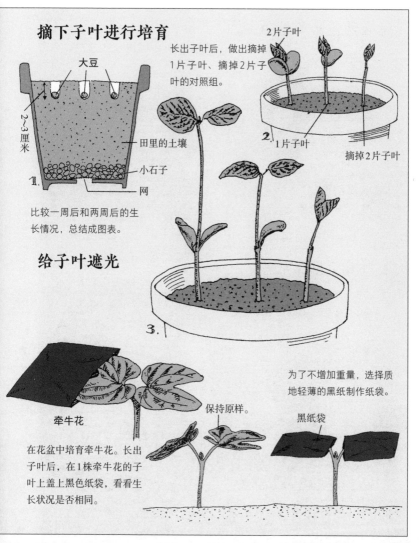

摘下子叶进行培育

大豆

长出子叶后，做出摘掉1片子叶、摘掉2片子叶的对照组。

2片子叶

田里的土壤

小石子

网

1.

2~3厘米

比较一周后和两周后的生长情况，总结成图表。

1片子叶

摘掉2片子叶

给子叶遮光

牵牛花

在花盆中培育牵牛花。长出子叶后，在1株牵牛花的子叶上盖上黑色纸袋，看看生长状况是否相同。

保持原样。

为了不增加重量，选择质地轻薄的黑纸制作纸袋。

黑纸袋

在植物的叶片上冲洗照片

　　观察叶片时尽量选择向阳处，并且需要最大限度地展开叶片。植物的叶片能利用光合作用将水和二氧化碳合成淀粉。试着做实验确认这个结论吧。

　　在叶片上贴上黑白底片。底片的黑色部分（洗出后变成白色）阳光无法穿透，不会合成淀粉；底片中的白色部分（洗出后变成黑色）阳光可以穿透，所以会合

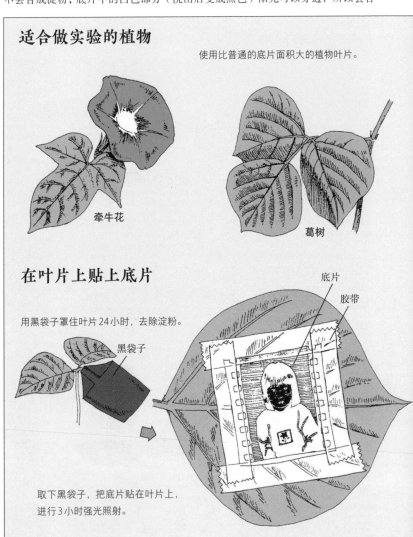

适合做实验的植物

使用比普通的底片面积大的植物叶片。

牵牛花

葛树

在叶片上贴上底片

用黑袋子罩住叶片24小时，去除淀粉。

黑袋子

底片

胶带

取下黑袋子，把底片贴在叶片上，进行3小时强光照射。

成淀粉。淀粉遇到碘会变成紫色,因此用碘酒给叶片染色,会使照片显示在叶片上。

用图画或照片总结实验顺序,保存完成的叶片照片。

从叶片上提取除叶绿素

为了去除叶绿素,往叶片上倒入热水并静置1分钟左右。

容器

叶子

热水

把叶片浸入装有酒精的容器中。

镊子

酒精

容器

把容器整个放入装有热水的锅中,用热水烫20 ~ 40分钟,直到叶片变白为止。

为了防止温度下降,需要不时添加热水。

用碘酒染色

叶子

稀释的碘酒

锅

热水

把变白的叶片放入稀释了的红茶颜色的碘酒中浸泡约20分钟。

图像出现后用水洗干净。

干燥后就完成了。把照片与底片进行对照,确认成像与光的强度和淀粉量之间的关系。

213

马铃薯的食用部分是茎吗？

种植马铃薯

将马铃薯纵向对半切开，切口朝下，种植于距地面5厘米的地方。等马铃薯芽冒出地面后，只留下长势最好的一根。

5厘米

切半的马铃薯

切口朝下。

4月耕土，种植马铃薯。

花蕾

长出花蕾后，切除地面部分。

切取。

马铃薯钻出地面。   埋进地里。

取出靠近地面的2个马铃薯，其他的再埋进地里。

开始鼓起的马铃薯

挖开一些土壤进行观察，发现很多马铃薯都开始鼓起来了。

钻出地面的马铃薯变绿，大约2周后茎部长出叶片。

不知道马铃薯的食用部分是植物茎部的人出乎意料地多。用实验确认这个结论，并用拍照或画图的方式进行总结。

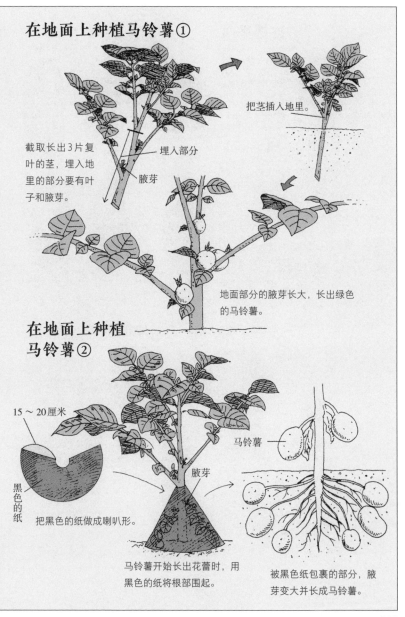

在地面上种植马铃薯①

截取长出3片复叶的茎，埋入地里的部分要有叶子和腋芽。

埋入部分

腋芽

把茎插入地里。

地面部分的腋芽长大，长出绿色的马铃薯。

在地面上种植马铃薯②

15～20厘米

黑色的纸

把黑色的纸做成喇叭形。

腋芽

马铃薯

马铃薯开始长出花蕾时，用黑色的纸将根部围起。

被黑色纸包裹的部分，腋芽变大并长成马铃薯。

215

种植坚果

挑选坚果

红橡

大叶椎

麻栎

白橡

石栎

大叶栲

选取没有缺口的坚果。

种植坚果

扔掉浮出水面的坚果

水桶

水

往水桶中装水，放入捡来的坚果，之后挑出并扔掉浮在水面的坚果。沉入桶底的坚果则浸泡在水中2～3天。记得换水。

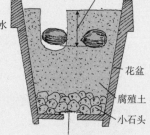

2～4厘米

花盆

腐殖土

小石头

防虫网

在花盆中放入腐殖土，将坚果横放入深2～4厘米的土壤中。将花盆放置在阳光充足的地方，注意在土壤表面干燥后浇水。

秋天有麻栎、红橡、白橡等各种坚果。培育并观察坚果的生长过程，写出总结报告。

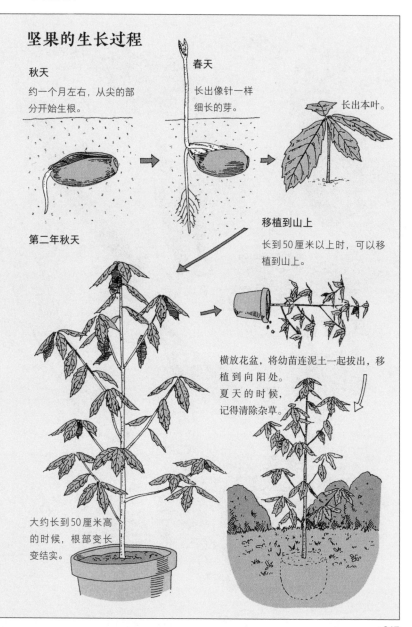

坚果的生长过程

秋天
约一个月左右，从尖的部分开始生根。

春天
长出像针一样细长的芽。

长出本叶。

第二年秋天

移植到山上
长到50厘米以上时，可以移植到山上。

横放花盆，将幼苗连泥土一起拔出，移植到向阳处。
夏天的时候，记得清除杂草。

大约长到50厘米高的时候，根部变长变结实。

蔬菜的食用部分是植物的哪个部分?

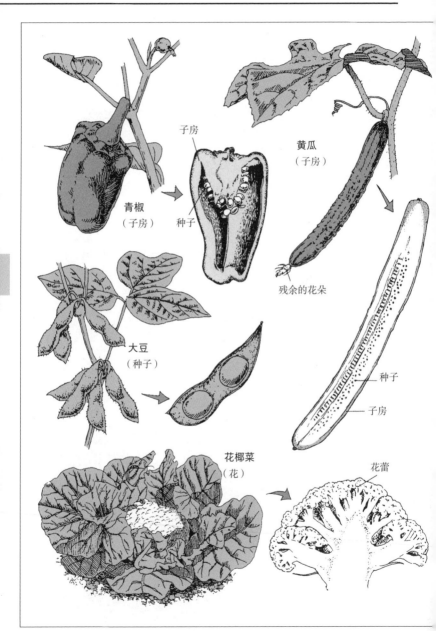

青椒
（子房）

子房

种子

黄瓜
（子房）

残余的花朵

种子

子房

大豆
（种子）

花椰菜
（花）

花蕾

蔬菜的种类有很多。纵向切开各种蔬菜食用部分，或者剥开，分清它们是植物的哪个部分。

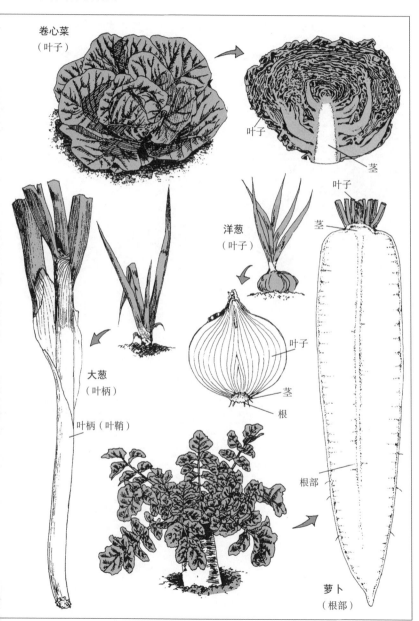

卷心菜
（叶子）

叶子

茎

洋葱
（叶子）

叶子

茎

根

叶子

茎

大葱
（叶柄）

叶柄（叶鞘）

根部

萝卜
（根部）

收集水果和蔬菜的种子

拍照

西瓜

青椒

食用之前先给水果和蔬菜拍照。

吃完后收集种子

吃掉水果或蔬菜，收集种子。

盘子

把种子收集到盘子中。

收集饭后常吃的水果的种子及配菜中蔬菜的种子，制作种子的图鉴。还可以在自家庭院里培育，待种子成熟后收集。

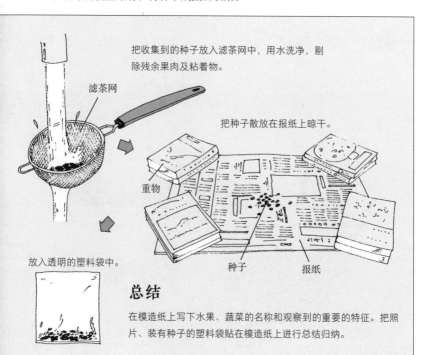

把收集到的种子放入滤茶网中，用水洗净，剔除残余果肉及粘着物。

滤茶网

把种子散放在报纸上晾干。

重物

放入透明的塑料袋中。

种子　　报纸

总结

在模造纸上写下水果、蔬菜的名称和观察到的重要的特征。把照片、装有种子的塑料袋贴在模造纸上进行总结归纳。

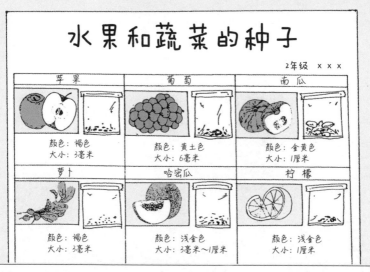

水果和蔬菜的种子

2年级 ×××

苹果	葡萄	南瓜
颜色：褐色 大小：3毫米	颜色：黄土色 大小：6毫米	颜色：金黄色 大小：1厘米
萝卜	哈密瓜	柠檬
颜色：褐色 大小：3毫米	颜色：浅金色 大小：3毫米～1厘米	颜色：浅金色 大小：1厘米

探索"会飞的种子"的秘密

收集"会飞的种子"

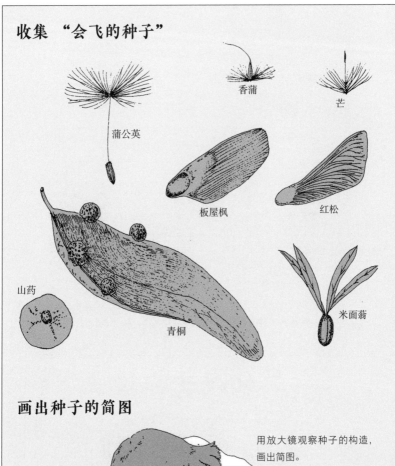

蒲公英

香蒲

芒

板屋枫

红松

山药

青桐

米面蓊

画出种子的简图

用放大镜观察种子的构造,
画出简图。

放大镜

"会飞"的种子都有羽翼。画出种子的构造简图，做种子的飘落实验，计算它们飘落所需的时间并观察飘落状态。

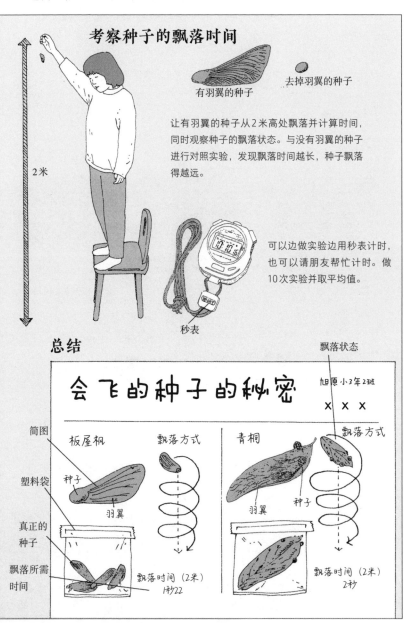

考察种子的飘落时间

有羽翼的种子　去掉羽翼的种子

让有羽翼的种子从2米高处飘落并计算时间，同时观察种子的飘落状态。与没有羽翼的种子进行对照实验，发现飘落时间越长，种子飘落得越远。

2米

可以边做实验边用秒表计时，也可以请朋友帮忙计时。做10次实验并取平均值。

秒表

总结

飘落状态

会飞的种子的秘密

旭原小3年2班
×××

简图
塑料袋
真正的种子
飘落所需时间

板屋枫　　飘落方式
种子
羽翼
飘落时间（2米）
14秒22

青桐　　飘落方式
羽翼　　种子
飘落时间（2米）
2秒

观察植物在冬季的状态

如果你认为冬天看不到昆虫，植物也枯萎了，不是适合做实验的季节，那么你就大错特错了。留心观察的话，你会发现即使在冬天，昆虫和植物为了迎接春天的到来也在很努力地生活。

在野外经常看到的冬季植物中，最有特点的就是莲座丛。莲座丛叶片舒展，

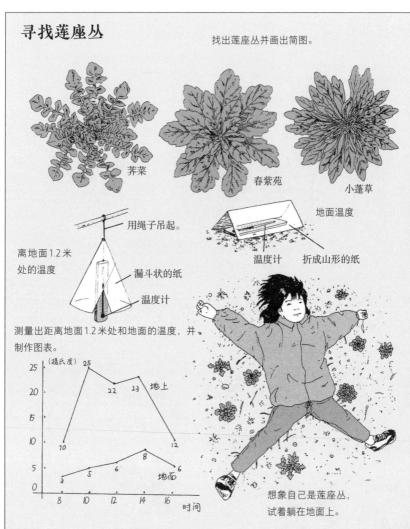

寻找莲座丛

找出莲座丛并画出简图。

荠菜

春紫苑

小蓬草

用绳子吊起。

离地面1.2米处的温度

漏斗状的纸

温度计

地面温度

温度计　折成山形的纸

测量出距离地面1.2米处和地面的温度，并制作图表。

想象自己是莲座丛，试着躺在地面上。

能充分吸收阳光，它们想方设法不让自己被冷风击败。那么，它们能感受到气温的变化吗？想象自己是莲座丛，躺在地面上，试着比较地表温度和气温吧。

此外，冬季应着重观察植物的叶芽部分。解剖冬季的叶芽，会发现它们为了能在春天到来时尽早发芽，冬天的时候就要做好充足的准备。叶芽以自己的方式保护着花和叶子，使它们免受寒冷干燥的折磨。

观察新芽

辛夷

七叶树

麻栎

画出各种植物的新芽，观察它们怎样御寒。

用鳞片叶包裹。

用毛茸包裹。

解剖新芽

叶芽

用黏稠的植物液保护。

花芽

花芽的纵切面

又大又圆，花蕾被包裹着。

一片片剥下樱花花芽的鳞片，会发现有30多片。重叠生长可起到御寒作用。

叶芽的纵切面

寸草不生的土地里也有生命

采集土壤

采集没有任何生物生长的土壤。

采集到的土壤

小石子

腐殖土

在花盆中加入小石子和腐殖土。

充分浇水。

冬天的庭院和空地上没有植物生长，但是土壤中真的就没有任何植物了吗？
采集没有植物生长的土壤，移入花盆并浇水。

在有阳光的暖和的地方进行培育

把花盆放在有阳光的、暖和的窗边。

如土壤表面干燥，用喷水器喷水。

植物发芽。由此可以得知：这些土壤表面上看似没有植物生长，实际上植物是以种子的形式在过冬。继续培育这些发芽的植物，之后就能知道它们的品种了。

考察洗涤剂的影响

收集家里所有的洗涤剂，如香皂、洗发露、洗洁精等，它们都有很强的去污能力。但使用过洗涤剂的水没有经过净化就直接排向河流和湖泊，这样的情况随处都有。

洗涤剂去污能力强，确实很方便，但是直接当作生活用水排向河流真的妥当

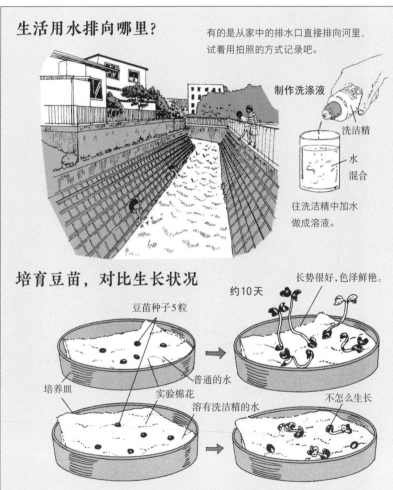

生活用水排向哪里？

有的是从家中的排水口直接排向河里，试着用拍照的方式记录吧。

制作洗涤液

洗洁精

水

混合

往洗洁精中加水做成溶液。

培育豆苗，对比生长状况

约10天

长势很好，色泽鲜艳。

豆苗种子5粒

培养皿

实验棉花

普通的水

溶有洗洁精的水

不怎么生长

准备2个培养皿。分别在实验棉花中加入水和洗洁精溶液，放入5粒豆苗种子。之后每两三天浇一次水，培育10天左右，记录每天的生长情况。

吗？洗涤剂会对植物生长产生怎样的影响呢？我们用含有洗洁精的水培育豆苗进行确认吧。另外，以石油为原材料做成的合成洗涤剂和较为环保的天然洗涤剂对豆苗的生长产生的影响是不是真的不一样呢？通过实验来验证生活污水对环境的影响吧。

天然洗涤剂和合成洗涤剂

将固体洗涤剂切碎，制作成溶液。

切碎。

天然洗涤剂

合成洗涤剂

取标准用量的天然洗涤剂溶于水制成溶液。

约10天

水

豆苗种子5颗

天然洗涤剂溶液

合成洗涤剂溶液

如左图所示，分别在水、天然洗涤剂溶液、合成洗涤剂溶液中培育5颗豆苗种子，比较它们的生长状况。

制作石蕊试纸

石蕊试纸是用于测试水溶液酸碱性的一种试纸。我们可以尝试自制石蕊试纸。

用清水煮牵牛花、紫甘蓝、茄子皮、葡萄皮,之后用煮出的汁液给吸墨纸染色即可。制作石蕊试纸的关键在于制作出参照物。在做出的试纸上蘸上

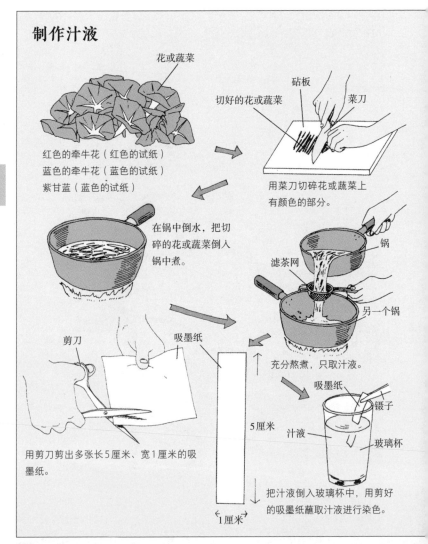

制作汁液

花或蔬菜

红色的牵牛花(红色的试纸)
蓝色的牵牛花(蓝色的试纸)
紫甘蓝(蓝色的试纸)

砧板
切好的花或蔬菜
菜刀

用菜刀切碎花或蔬菜上有颜色的部分。

在锅中倒水,把切碎的花或蔬菜倒入锅中煮。

锅
滤茶网
另一个锅

充分熬煮,只取汁液。

剪刀
吸墨纸

用剪刀剪出多张长5厘米、宽1厘米的吸墨纸。

5厘米

1厘米

吸墨纸
镊子
汁液
玻璃杯

把汁液倒入玻璃杯中,用剪好的吸墨纸蘸取汁液进行染色。

家用的强酸性洁厕液、弱酸性的醋，记录下颜色是如何变化的。通过制作这样一个参照物，当要检测其他溶剂时，就可以通过颜色对比大概知道其酸碱性了。

制作试纸的步骤可以用拍照或画图的方式记录下来。然后用做好的石蕊试纸检测各种液体的酸碱度。

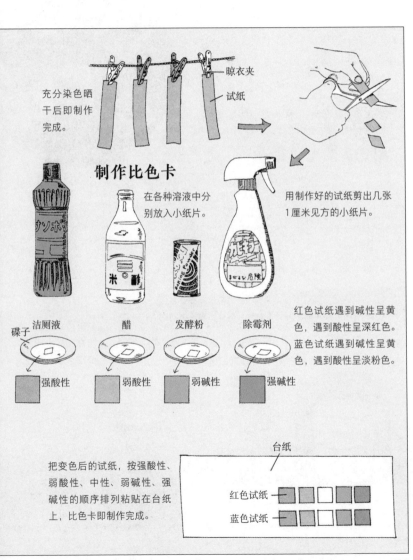

充分染色晒干后即制作完成。

晾衣夹

试纸

制作比色卡

在各种溶液中分别放入小纸片。

用制作好的试纸剪出几张1厘米见方的小纸片。

红色试纸遇到碱性呈黄色，遇到酸性呈深红色。
蓝色试纸遇到碱性呈黄色，遇到酸性呈淡粉色。

碟子

洁厕液

醋

发酵粉

除霉剂

强酸性

弱酸性

弱碱性

强碱性

把变色后的试纸，按强酸性、弱酸性、中性、弱碱性、强碱性的顺序排列粘贴在台纸上，比色卡即制作完成。

台纸

红色试纸

蓝色试纸

制作食盐晶体

用放大镜观察结晶

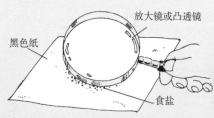

黑色纸

放大镜或凸透镜

食盐

把食盐放在黑色纸上，用放大镜或凸透镜观察，会发现食盐呈立方体的形状。

制作高浓度食盐水

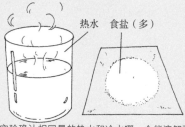

热水　食盐（多）

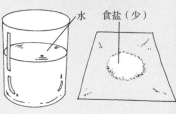

水　食盐（少）

做实验确认相同量的热水和冷水哪一个能溶解更多食盐。
得出的结果是热水能溶解更多食盐，制作出高浓度的盐水。

用不同方法蒸发相同浓度的食盐水

食盐水

大颗结晶

在阴凉处缓慢蒸发。

比起用酒精灯蒸发结晶，在阴凉处缓慢蒸发能获取更大的结晶体。

食盐水

小结晶

酒精灯

尝试制作大颗的盐结晶，并画出制作方法的简图。

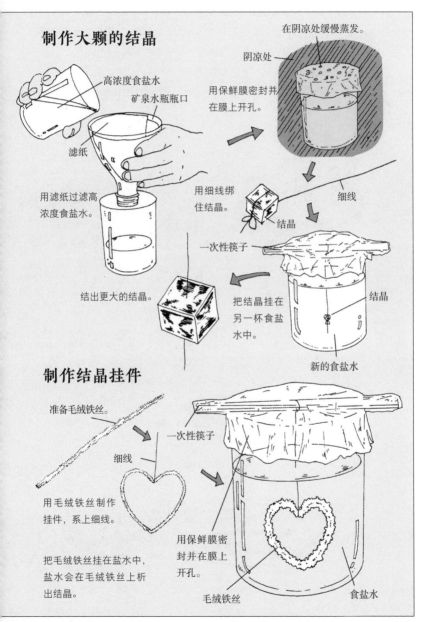

制作大颗的结晶

用滤纸过滤高浓度食盐水。

高浓度食盐水
矿泉水瓶瓶口
滤纸

用保鲜膜密封并在膜上开孔。

在阴凉处缓慢蒸发。
阴凉处

用细线绑住结晶。
结晶
细线

结出更大的结晶。

把结晶挂在另一杯食盐水中。

一次性筷子
结晶
新的食盐水

制作结晶挂件

准备毛绒铁丝。

用毛绒铁丝制作挂件，系上细线。

细线
一次性筷子

把毛绒铁丝挂在盐水中，盐水会在毛绒铁丝上析出结晶。

用保鲜膜密封并在膜上开孔。

毛绒铁丝
食盐水

233

检查手的卫生状况

我们的身边存在着许多肉眼看不见的微生物。这些微生物中既有对人类健康无害、能被人类利用的，也有会引起食物中毒的，比如细菌。"从外面回来后要洗手"这样的话，就是为了提醒我们洗掉手上看不见的细菌。

我们的手有多脏呢？即使是肉眼看不见的细菌，如果大量堆积的话也会形成

消毒器具

塑料桶

溶有中性洗涤剂的水

锅、玻璃棒、盘子等浸泡30分钟以上。

用水充分冲洗。

大张纸

在筐中放入锅、玻璃棒、盘子，让它们自然干燥。为了不让细菌侵入，用大张纸巾覆盖住整个筐子。

餐具晾干后，用铝箔纸盖住。

筐

铝箔纸盖

铝箔纸

铝箔纸盖

族群，这时候肉眼就能看见了。利用琼脂粉观察手有多脏。将手用肥皂洗净后，与未洗前进行对比，就可以知道洗手的作用了。

另外，从沾有脏东西的两个容器中拿出一个放入冰箱，会发现温度降低后细菌不会增多。由此可以得知：随着温度的上升，食物中毒的可能性也会增大。

溶解琼脂粉

琼脂粉

玻璃棒

搅拌

小火

锅中加水，小火加热，一边倒入琼脂粉（琼脂粉的剂量容器上会标明），一边用玻璃棒进行搅拌。琼脂粉溶解后，按每200毫升一大勺的比例往锅中加入白糖。加入白糖后，细菌更容易繁殖。

用玻璃棒一边搅拌一边加热，防止琼脂粉煮糊。

将溶解的琼脂粉注入厚1.5毫米的盘中。

盘子

用铝箔纸密封，静置，直到琼脂粉冷却成形。

检查手的卫生状况

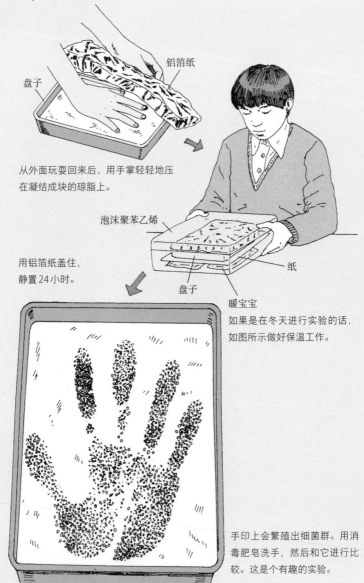

铝箔纸

盘子

从外面玩耍回来后，用手掌轻轻地压
在凝结成块的琼脂上。

泡沫聚苯乙烯

用铝箔纸盖住，
静置24小时。

纸

盘子

暖宝宝
如果是在冬天进行实验的话，
如图所示做好保温工作。

手印上会繁殖出细菌群。用消
毒肥皂洗手，然后和它进行比
较。这是个有趣的实验。

检查各种物品的卫生状况

用棉棒在门把手上取到脏东西后，擦拭在琼脂块上，静置24小时。

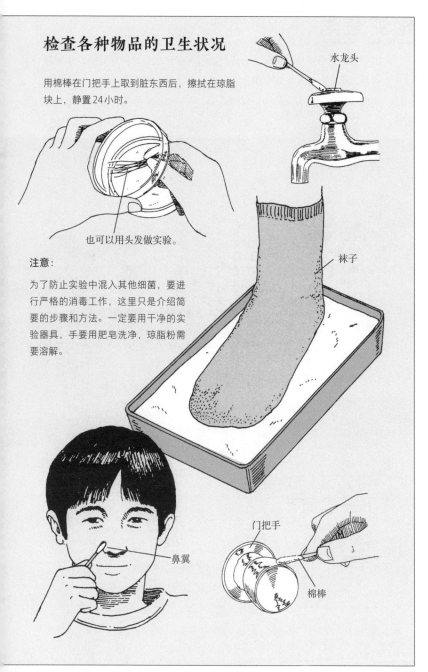

水龙头

也可以用头发做实验。

注意:

为了防止实验中混入其他细菌，要进行严格的消毒工作，这里只是介绍简要的步骤和方法。一定要用干净的实验器具，手要用肥皂洗净，琼脂粉需要溶解。

袜子

鼻翼

门把手

棉棒

检测酸雨

我们在野外能看到树叶掉落，树皮剥落等现象，也会看到庭院里的牵牛花叶变成褐色。造成这种现象的原因很多，但是最重要的原因是酸雨。工厂排出的废气和汽车尾气中的污染物溶解于雨水中，使雨水变成酸性，腐蚀生物和建筑物。

考察植物

到家附近的山上考察顶端枯萎的树木或破损的叶子。

检测雨水

收集雨水，把石蕊试纸放入雨水中。如果石蕊试纸变成粉红色，那这种雨水就是酸雨。

滴水槽

盘子

石蕊试纸

杯子

汽车排气管

塑料袋

废气

加入水。

用力摇晃。

检测汽车尾气

收集汽车尾气，溶于水，用石蕊试纸进行检测。石蕊试纸会变成粉色。收集汽车尾气时可以请大人帮忙。

酸雨不仅会腐蚀植物的花和叶，还会破坏土壤中的营养，使植物变脆弱。

让我们做实验观察酸雨给植物带来多么恶劣的影响吧，并用画图或拍照的方式总结实验的方法和结果。

酸雨给植物生长带来什么影响呢？

准备两个花盆，在花盆底部铺上小石子，加入农田中取来的土壤。分别用醋（酸性）、自来水浇10遍左右，最后用水冲洗一遍。

水萝卜的种子浸泡一夜。

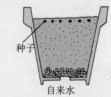

分别在两个花盆中种下5～6颗种子，把花盆放在光照处，每天浇水。长出子叶后，画出简图或者拍照记录。

大概2周后就能看到两盆植物的生长状况完全不同。用醋处理过的花盆中植物的生长很差。

测量出两盆植物的茎高和质量，总结在图表中，能更明显地看出它们的差异。

239

暴雨之后的河水不能喝

从以前就有"暴雨过后的河水不能喝"这样的说法。因为即使是平常可以喝的干净的河水，在大雨过后也会变脏。

在森林中，下过雨后，一部分雨水从地表流走，一部分雨水会渗透进土壤成为地下水。地下水经过土壤和沙粒的过滤，成为十分干净的水资源。即使平常没

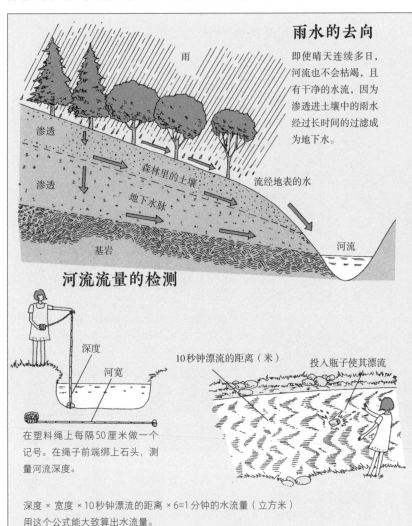

雨

雨水的去向

即使晴天连续多日，河流也不会枯竭，且有干净的水流，因为渗透进土壤中的雨水经过长时间的过滤成为地下水。

渗透

渗透

森林里的土壤

流经地表的水

地下水脉

基岩

河流

河流流量的检测

深度

河宽

10秒钟漂流的距离（米）

投入瓶子使其漂流

在塑料绳上每隔50厘米做一个记号。在绳子前端绑上石头，测量河流深度。

深度 × 宽度 × 10秒钟漂流的距离 × 6＝1分钟的水流量（立方米）
用这个公式能大致算出水流量。

有下雨，河流也不会干枯，因为有地下水不停地流入河中。

　　但是大雨过后，很多雨水还没完全渗透进土壤中就从地表流入河里了。河水变脏，一方面是因为雨水可能是酸雨，另一方面是因为雨水把地面的脏东西带入河流中。

　　对比平时的河水和雨后的河水，观察它们的水量和颜色。试着用市售的简易的水质检测器检测水质。

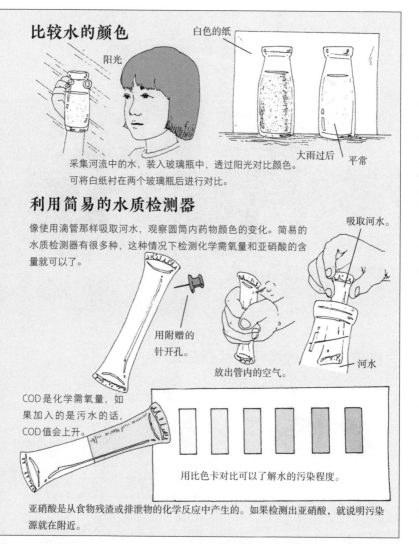

比较水的颜色

阳光

白色的纸

大雨过后　　平常

采集河流中的水，装入玻璃瓶中，透过阳光对比颜色。可将白纸衬在两个玻璃瓶后进行对比。

利用简易的水质检测器

像使用滴管那样吸取河水，观察圆筒内药物颜色的变化。简易的水质检测器有很多种，这种情况下检测化学需氧量和亚硝酸的含量就可以了。

吸取河水。

用附赠的针开孔。

放出管内的空气。

河水

COD 是化学需氧量，如果加入的是污水的话，COD 值会上升。

用比色卡对比可以了解水的污染程度。

亚硝酸是从食物残渣或排泄物的化学反应中产生的。如果检测出亚硝酸，就说明污染源就在附近。

241

描画月球形貌

月球是距离地球最近的、最容易观测的天体。大家都知道，由于月球的自转与公转周期相同，因此始终以同一面朝向地球。用双筒望远镜观测月球，试着将娥眉月、满月等不同的月相画下来，就可以证实月球始终是以同一面朝向地球的。只是月球围绕地球转，即使一直是同一面朝着地球，根据我们观察时间的不同，

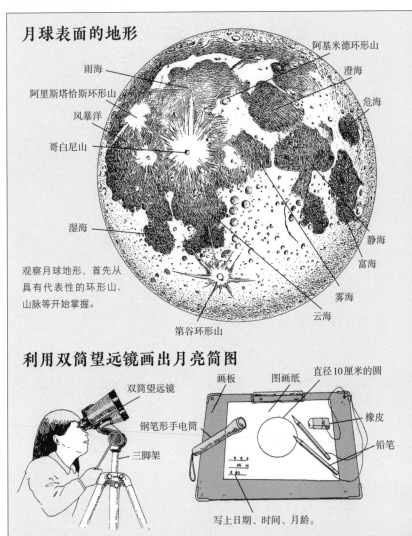

月球表面的地形

阿基米德环形山
雨海
澄海
阿里斯塔恰斯环形山
危海
风暴洋
哥白尼山
湿海
静海
富海
雾海
云海
第谷环形山

观察月球地形，首先从具有代表性的环形山、山脉等开始掌握。

利用双筒望远镜画出月亮简图

双筒望远镜
画板
图画纸
直径10厘米的圆
钢笔形手电筒
橡皮
三脚架
铅笔

写上日期、时间、月龄。

看到的景象也是会有所偏差。正因为这些小偏差，我们从地球上可以观测到月球60%的表面。这一点也可以试着通过观察月球来确认。

如果你有60倍以上的双筒望远镜，还可以尝试将月球表面的环形山脉画下来。这样，你就明白，即使是相同地形，月圆与月缺是两种不同的意境。

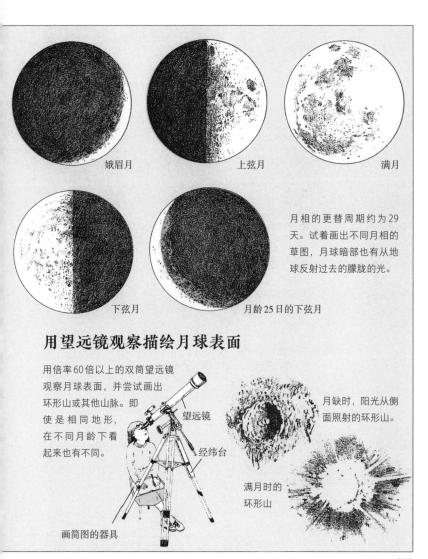

娥眉月

上弦月

满月

下弦月

月龄25日的下弦月

月相的更替周期约为29天。试着画出不同月相的草图，月球暗部也有从地球反射过去的朦胧的光。

用望远镜观察描绘月球表面

用倍率60倍以上的双筒望远镜观察月球表面，并尝试画出环形山或其他山脉。即使是相同地形，在不同月龄下看起来也有不同。

望远镜

经纬台

画简图的器具

月缺时，阳光从侧面照射的环形山。

满月时的环形山

观察月球的活动

月球并非始终处于同一位置，而是不断地运动。试着把月球的位置画到月球素描图里。月球的运动受地球自转的影响，还要绕地球公转，月球本身也会自转。

由于地球自转，傍晚时位置较高，月龄在7～15日的月球较容易观测。每隔1小时将月球的位置画下来，可以发现月球是自西向东自转。

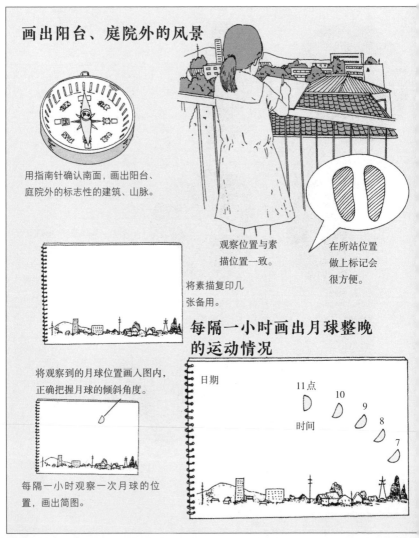

画出阳台、庭院外的风景

用指南针确认南面，画出阳台、庭院外的标志性的建筑、山脉。

观察位置与素描位置一致。

在所站位置做上标记会很方便。

将素描复印几张备用。

将观察到的月球位置画入图内，正确把握月球的倾斜角度。

每隔一小时观察一次月球的位置，画出简图。

每隔一小时画出月球整晚的运动情况

日期

时间

11点
10
9
8
7

观察月球公转，从月龄3日左右开始，10～14日内每天同一个时刻画下月球位置。可以发现月球是自西向东运动的。

速写中所画的风景，详细刻画远处标志性的建筑、山脉。实验成功的关键在于站在同一场所、同一位置观察月球的运动。

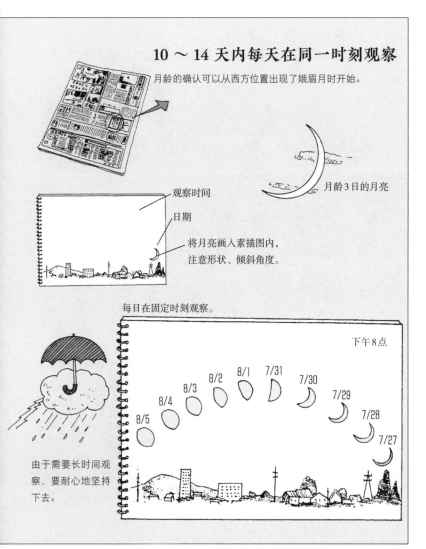

10～14天内每天在同一时刻观察

月龄的确认可以从西方位置出现了娥眉月时开始。

月龄3日的月亮

观察时间

日期

将月亮画入素描图内，注意形状、倾斜角度。

每日在固定时刻观察。

下午8点

8/5　8/4　8/3　8/2　8/1　7/31　7/30　7/29　7/28　7/27

由于需要长时间观察，要耐心地坚持下去。

观察、描画行星

　　金星、火星、木星与地球一样，同属太阳系。若有口径8厘米以上的望远镜，可以尝试观察这些行星的外观。火星、木星、土星都是比较适合观察的行星。

　　上述行星中最容易观察的是木星。即便使用双筒望远镜，也可以观测到伽利略卫星。这四颗卫星随着时间的推移，位置在发生变化。试着在观察日记中画下

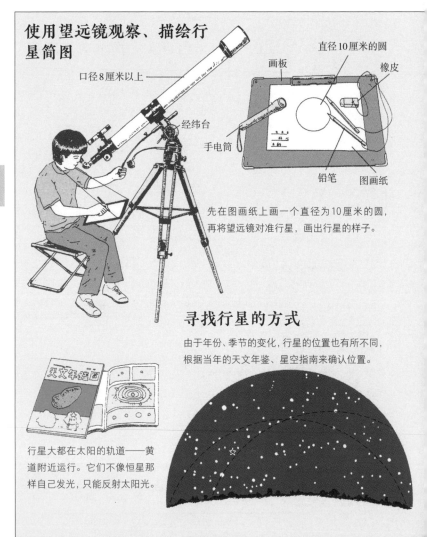

使用望远镜观察、描绘行星简图

口径8厘米以上

经纬台

画板

直径10厘米的圆

橡皮

手电筒

铅笔

图画纸

先在图画纸上画一个直径为10厘米的圆，再将望远镜对准行星，画出行星的样子。

寻找行星的方式

由于年份、季节的变化，行星的位置也有所不同，根据当年的天文年鉴、星空指南来确认位置。

天文年鉴

行星大都在太阳的轨道——黄道附近运行。它们不像恒星那样自己发光，只能反射太阳光。

这四颗卫星。此外，木星的自转周期是9小时50分钟，随着时间的推移，观测到的木星表面也不同。

火星每隔2年零2个月接近地球一次，每15年至17年到达距离地球最近处，甚至可以观测到火星两极白色的冰。

在太阳系行星中，土星环最惹人注目，而且土星环的倾斜角度每年都在变化，非常有意思。

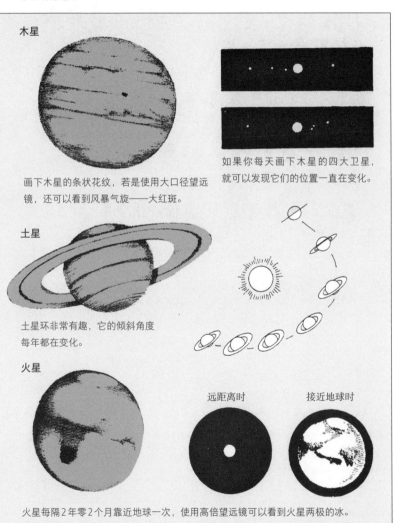

木星

画下木星的条状花纹，若是使用大口径望远镜，还可以看到风暴气旋——大红斑。

如果你每天画下木星的四大卫星，就可以发现它们的位置一直在变化。

土星

土星环非常有趣，它的倾斜角度每年都在变化。

火星

远距离时

接近地球时

火星每隔2年零2个月靠近地球一次，使用高倍望远镜可以看到火星两极的冰。

考察地震的液化现象

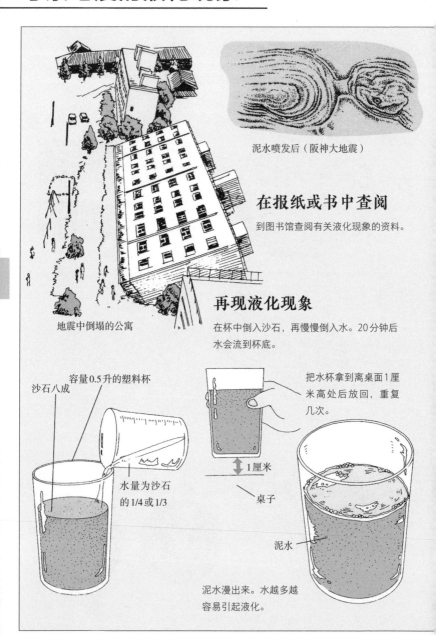

泥水喷发后（阪神大地震）

在报纸或书中查阅

到图书馆查阅有关液化现象的资料。

地震中倒塌的公寓

再现液化现象

在杯中倒入沙石，再慢慢倒入水。20分钟后水会流到杯底。

容量0.5升的塑料杯

沙石八成

水量为沙石的1/4或1/3

把水杯拿到离桌面1厘米高处后放回，重复几次。

1厘米

桌子

泥水

泥水漫出来。水越多越容易引起液化。

用水杯、沙石、水等进行简易的实验，模拟再现地震时泥水从地面渗出、建筑物坍塌的液化现象。

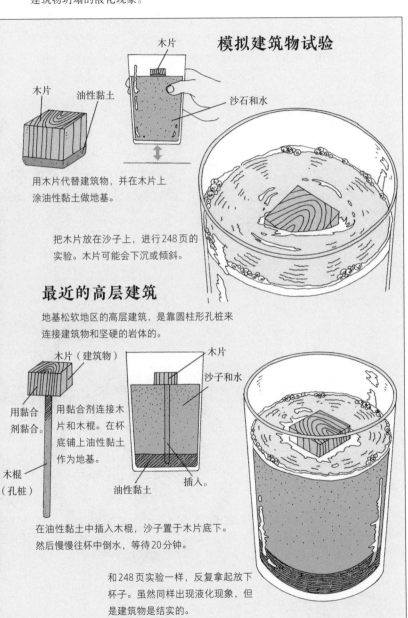

模拟建筑物试验

木片

木片　油性黏土

沙石和水

用木片代替建筑物，并在木片上涂油性黏土做地基。

把木片放在沙子上，进行248页的实验。木片可能会下沉或倾斜。

最近的高层建筑

地基松软地区的高层建筑，是靠圆柱形孔桩来连接建筑物和坚硬的岩体的。

木片（建筑物）

木片

沙子和水

用黏合剂黏合。

用黏合剂连接木片和木棍。在杯底铺上油性黏土作为地基。

木棍（孔桩）

油性黏土　插入

在油性黏土中插入木棍，沙子置于木片底下。然后慢慢往杯中倒水，等待20分钟。

和248页实验一样，反复拿起放下杯子。虽然同样出现液化现象，但是建筑物是结实的。

249

研究自行车的科学原理

你的自行车很好骑吧？很容易加速吧？自行车的制作虽然比较简单，但却运用了很多科学原理。为了使人坐上去舒服，骑起来轻松，自行车的制造者可是下了很多功夫的。稍微想一下，我们就能明白，车把是一个轮轴，轻轻用力就能转动车轮；刹车是用橡胶制作而成的，巨大的摩擦力使刹车发挥作用。彻底

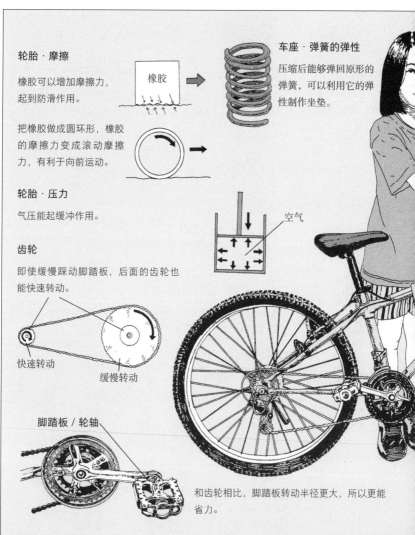

轮胎·摩擦

橡胶可以增加摩擦力，起到防滑作用。

橡胶

把橡胶做成圆环形，橡胶的摩擦力变成滚动摩擦力，有利于向前运动。

轮胎·压力

气压能起缓冲作用。

空气

齿轮

即使缓慢踩动脚踏板，后面的齿轮也能快速转动。

快速转动

缓慢转动

车座·弹簧的弹性

压缩后能够弹回原形的弹簧，可以利用它的弹性制作坐垫。

脚踏板／轮轴

和齿轮相比，脚踏板转动半径更大，所以更能省力。

研究一遍自行车，挖掘出自行车里应用了怎样的科学原理，并试着总结在大张的模造纸上。

不只自行车，我们的家中还有很多东西都用到了在学校所学的科学原理。总结出什么物品利用了什么原理，起到什么效果，也是一件很有意思的事情。

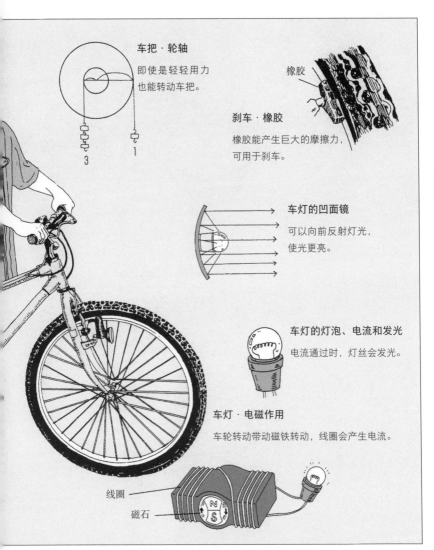

车把·轮轴

即使是轻轻用力也能转动车把。

橡胶

刹车·橡胶

橡胶能产生巨大的摩擦力，可用于刹车。

车灯的凹面镜

可以向前反射灯光，使光更亮。

车灯的灯泡、电流和发光

电流通过时，灯丝会发光。

车灯·电磁作用

车轮转动带动磁铁转动，线圈会产生电流。

线圈

磁石

研究声音的高低

收集家里的物品

收集杯子、水壶、锅等各种物品。

敲响

用筷子敲这些物体，使它们发声，分辨声音的高低。

敲击物体时会产生振动，然后发出声音。声音的高低是由物体所决定的。敲击家里的物品，试着研究声音的高低。

确认声音的高低

敲打电子琴、吉他等，让它们出声，辨别声音的高低。不同物体音色不同，所以刚开始听的时候比较难分辨，多试几次就能听出声音的高低了。

记录

把敲击的物体照片或简图总结在一起，用五线谱标记声音的高低。

越冬中的卵和蛹的保存

　　不同种类的昆虫，越冬方式也各不相同。有的昆虫以成虫的形态越冬，有的以虫卵的形态越冬，有的则是以虫蛹的形态越冬。如果你找的树枝上粘有越冬中的昆虫的虫卵或虫蛹，就把整条树枝带回家吧。这是可以观察到早春昆虫孵化和羽化的好机会。

　　在明亮暖和且湿度适中的室内，昆虫孵化和羽化的速度会加快。虽然能观察到昆虫的孵化和羽化过程，但是把昆虫放到室外后，它们还是会因为外面没有食物而死亡。

　　所以，应将采集的粘有虫卵或虫蛹的树枝插在装有泥土的花盆中，然后放在阳台上。等春天到了，外界的自然条件满足后，昆虫就会开始孵化或羽化。如果想更加准确地观察孵化和羽化过程，可以把虫蛹放在铺有湿纸巾的盘子里，放入冰箱的保鲜层保存。等天气变暖后，再移到饲养箱中观察。

　　观察完孵化和羽化过程后，要把幼虫或成虫放归大自然。如果未将蝴蝶或飞蛾的幼虫放回草地，会导致它们死亡。

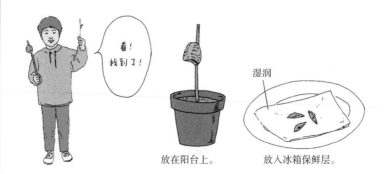

看！
找到了！

放在阳台上。

湿润

放入冰箱保鲜层。

社　会

城镇或家中的课题探索

工作服和工具

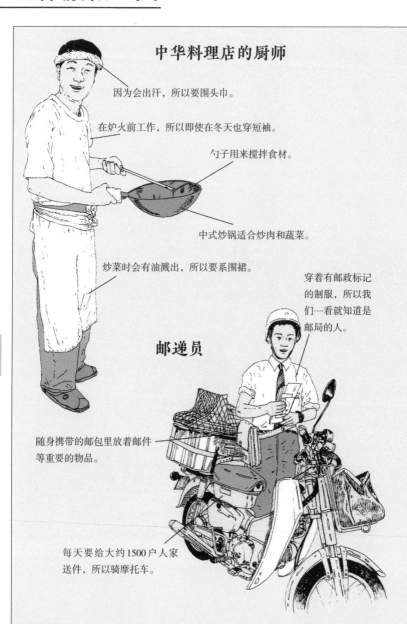

中华料理店的厨师

因为会出汗，所以要围头巾。

在炉火前工作，所以即使在冬天也穿短袖。

勺子用来搅拌食材。

中式炒锅适合炒肉和蔬菜。

炒菜时会有油溅出，所以要系围裙。

穿着有邮政标记的制服，所以我们一看就知道是邮局的人。

邮递员

随身携带的邮包里放着邮件等重要的物品。

每天要给大约1500户人家送件，所以骑摩托车。

到街上走走，观察工作人员的服装和工具，并写出报告。工作服可以使工作更顺利地进行，而几乎每种职业都有它特有的工具。

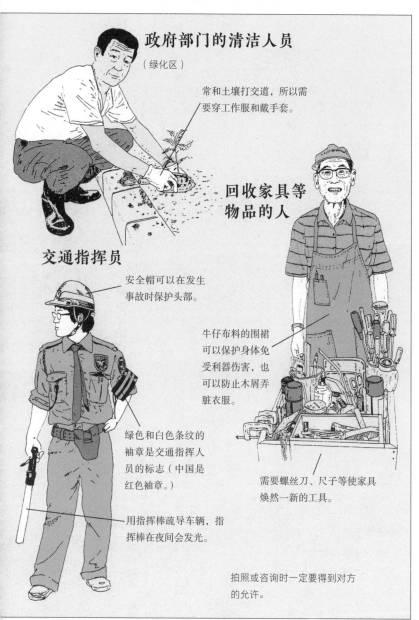

政府部门的清洁人员

（绿化区）

常和土壤打交道，所以需要穿工作服和戴手套。

回收家具等物品的人

交通指挥员

安全帽可以在发生事故时保护头部。

牛仔布料的围裙可以保护身体免受利器伤害，也可以防止木屑弄脏衣服。

绿色和白色条纹的袖章是交通指挥人员的标志（中国是红色袖章。）

用指挥棒疏导车辆，指挥棒在夜间会发光。

需要螺丝刀、尺子等使家具焕然一新的工具。

拍照或咨询时一定要得到对方的允许。

制作城镇中的动物地图

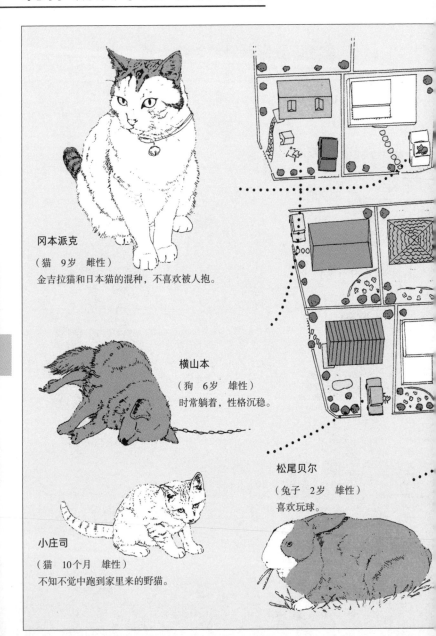

冈本派克

（猫　9岁　雌性）

金吉拉猫和日本猫的混种，不喜欢被人抱。

横山本

（狗　6岁　雄性）

时常躺着，性格沉稳。

松尾贝尔

（兔子　2岁　雄性）

喜欢玩球。

小庄司

（猫　10个月　雄性）

不知不觉中跑到家里来的野猫。

在自家附近寻找小动物，用画图或拍照的方式制作动物地图。询问主人饲养动物的原因和动物的性格，并写到地图中，这也是件很有趣的事情。

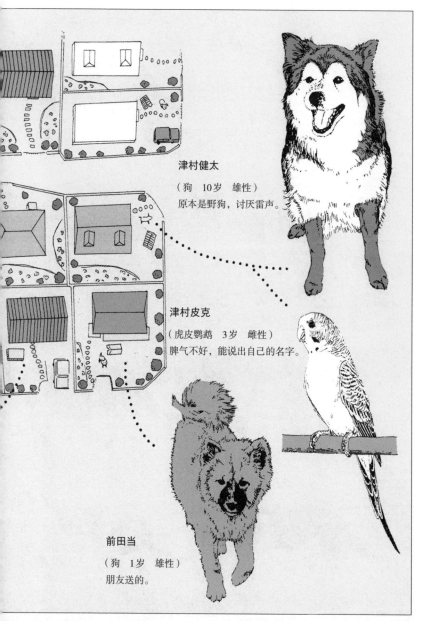

津村健太

（狗　10岁　雄性）

原本是野狗，讨厌雷声。

津村皮克

（虎皮鹦鹉　3岁　雌性）

脾气不好，能说出自己的名字。

前田当

（狗　1岁　雄性）

朋友送的。

259

收集猫身花纹的素描

到街上走走，将看到的猫画出来。你会发现很多猫的肚子和爪子都是白色的，还会发现其他有趣的事情。

图画文字和记号的研究

寻找图画文字和记号

在家里寻找各种物品的图画文字和记号。

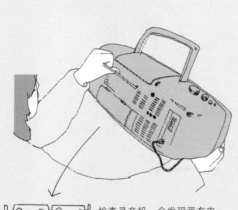

检查录音机，会发现画有电池安装方向的图画文字。

燃油取暖器上画着有人打开窗户的图画文字，表示要给房间换气。

仔细观察，会发现衣服里面缝有一张小布条，上面绘有洗涤、晾干时的注意事项。

电器、衣服上通常有表示使用方法或注意事项的图画文字和记号。这些图画文字和记号代表什么意思？比较用图画文字、记号和用纯文字表达有什么不同点。

查看图画文字的意思

图画文字大多是在物体原有形状的基础上画出来的，即使不识字也能靠直觉理解图片的大致意思。对比靠直觉想象的意思和在书中查找出来的意思，也是件有趣的事情。

衣服上的图画文字

思考图画文字和记号的优点

距离2米的时候

看得到　　　　　　看得到

距离10米的时候

看得到　　　　　　看不到

图画文字或记号能让人一眼就明白它要表达的意思。把画有图画文字和写有普通文字的两块板慢慢拿到离我们越来越远的地方，通过这样的实验对比——两块板分别离我们多远时，会看不见板上的内容。

图画文字的优点

① 看不懂字也能明白意思。
② 距离远时也能看清楚。

寻找物体上的"脸"

易拉罐盖子

房屋

车头

自来水管

家里的排气孔

在家中或家附近，收集看起来像人脸的物体并用相机拍照。这就是寻找物体的"脸"，需要具备很强的观察力。

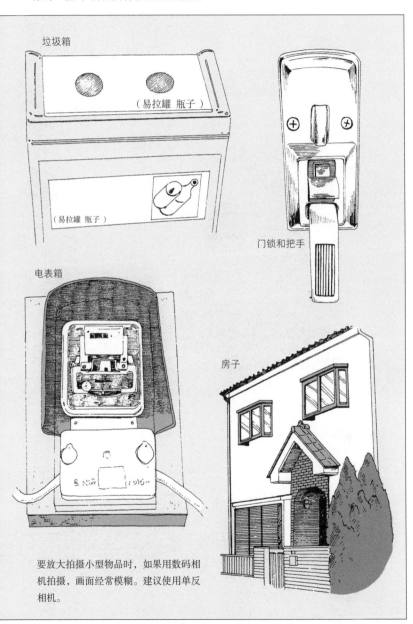

垃圾箱

（易拉罐 瓶子）

（易拉罐 瓶子）

门锁和把手

电表箱

房子

要放大拍摄小型物品时，如果用数码相机拍摄，画面经常模糊。建议使用单反相机。

观察井盖

打扫

用刷帚清扫堆积在井盖凹陷处的污垢。

井盖

刷帚

拍照

拍照时注意不要把自己的影子拍进去。

测量大小

卷尺

画在地图上

一边走一边在地区地图上画上井盖的位置和种类，制作井盖地图。

污水井

乌冬店

小区

公寓

雨水井

水果店

警察亭

雨水井

污水井

公寓

鳗鱼店

消防栓

超市

电井

公寓

寿司店

在马路上经常发现井盖。井盖有很多用途，也有很多不同的设计，拍下这些井盖的照片，并考察它们的用途和外观设计所蕴含的意义。

各种井盖

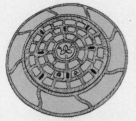

污水井盖

电力井盖

污水井盖

消防井盖

自来水井盖

设计精美的井盖

最近还有很多设计精美的井盖。也试着收集井盖的图案，并考察井盖设计所蕴含的意义。

银杏叶
所泽市保留有一棵高大的古银杏树。

飞机
在所泽进行的首次载人飞机飞行成功。

云雀
以前在哪里都能看到的一种鸟。

茶花
所泽是狭山茶的产地。

※以所泽市为例

考察路面上的符号

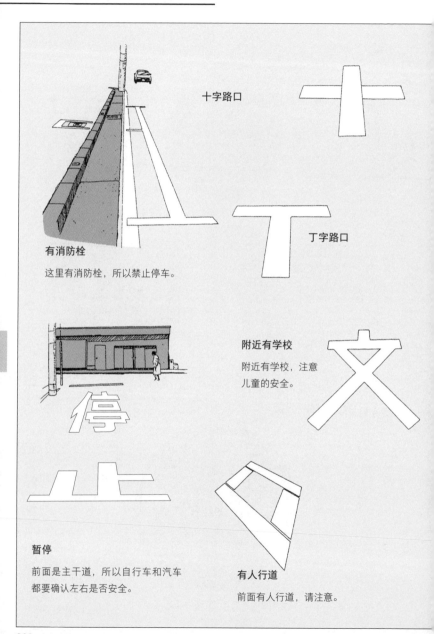

十字路口

有消防栓

这里有消防栓，所以禁止停车。

丁字路口

附近有学校

附近有学校，注意
儿童的安全。

暂停

前面是主干道，所以自行车和汽车
都要确认左右是否安全。

有人行道

前面有人行道，请注意。

给路面上的交通符号拍照，并在交通规则手册上查找这些符号的意思。拍照的时候要注意来往车辆。

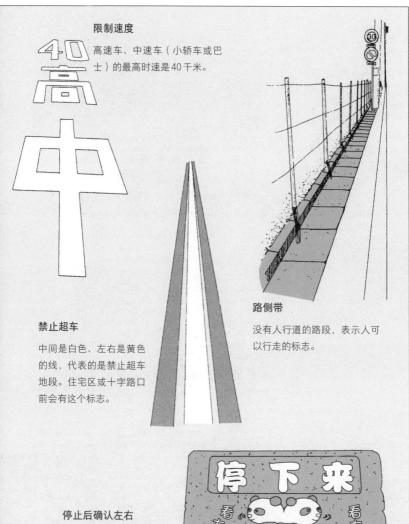

限制速度

高速车、中速车（小轿车或巴士）的最高时速是40千米。

禁止超车

中间是白色、左右是黄色的线，代表的是禁止超车地段。住宅区或十字路口前会有这个标志。

路侧带

没有人行道的路段，表示人可以行走的标志。

停止后确认左右

行人先停下脚步，左右确认安全后再过马路。

门帘和招牌的研究

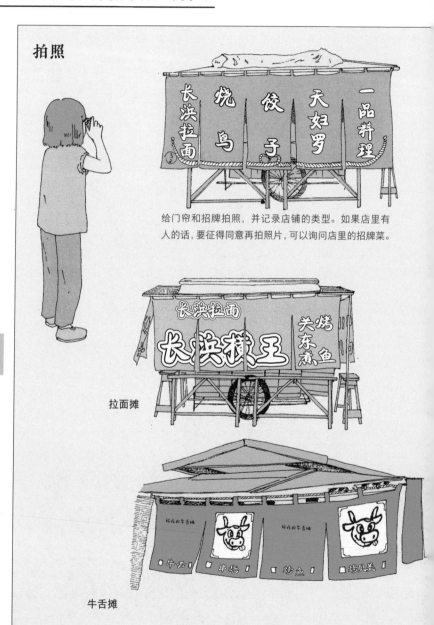

拍照

给门帘和招牌拍照，并记录店铺的类型。如果店里有人的话，要征得同意再拍照片，可以询问店里的招牌菜。

拉面摊

牛舌摊

将街头的门帘或招牌拍下来或画下来，制成地图。

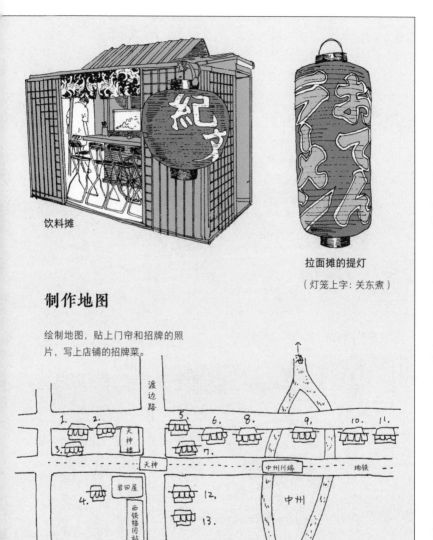

饮料摊

拉面摊的提灯

（灯笼上字：关东煮）

制作地图

绘制地图，贴上门帘和招牌的照
片，写上店铺的招牌菜。

我所在的城镇宜居吗？

老年人或残障人士需要过马路或利用公共设施时，台阶或者有坑洼的地方就会成为他们的障碍。没有这些障碍的地方叫作无障碍区。虽然在以政府机构、图书馆为中心的公共场所都设有无障碍区，但是也有一些地方是没有设置的。

你所在的城镇怎么样呢？我们很难做到一次考察多个地方，把范围缩小到你

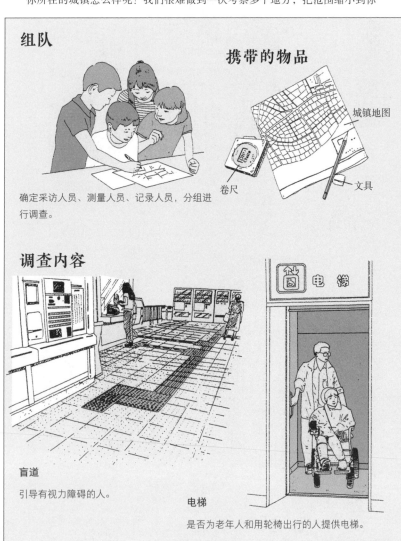

组队

确定采访人员、测量人员、记录人员，分组进行调查。

携带的物品

城镇地图

卷尺

文具

调查内容

盲道

引导有视力障碍的人。

电梯

是否为老年人和用轮椅出行的人提供电梯。

的学校、公园、车站等场所，调查就会方便了。

另外，调查的内容也是很多的。这次我们选取是否有盲道、是否为老年人和用轮椅出行的人提供电梯、人行道是否有台阶、居民的态度是否友好和电话或自动售货机是否方便使用这5点进行集中调查。

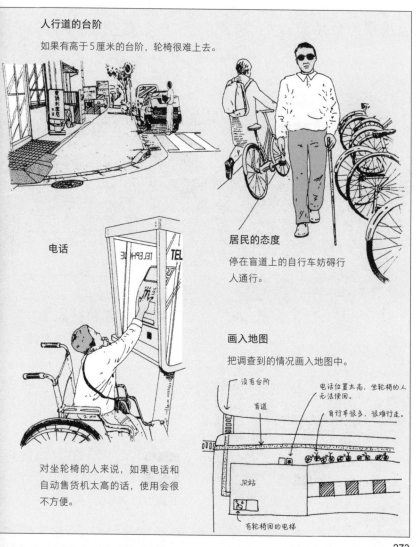

人行道的台阶

如果有高于5厘米的台阶，轮椅很难上去。

电话

对坐轮椅的人来说，如果电话和自动售货机太高的话，使用会很不方便。

居民的态度

停在盲道上的自行车妨碍行人通行。

画入地图

把调查到的情况画入地图中。

没有台阶

盲道

电话位置太高，坐轮椅的人无法使用。

自行车很多，很难行走。

JR站

有轮椅用的电梯

我所在的城镇宜居吗？ ②店铺

　　残障人士自然也会想到各种店铺买东西、吃饭。调查完公共设施后，让我们来调查城镇中的店铺吧。

　　调查店铺同样需要小组合作，确定了采访人员、测量人员和记录人员之后就可以开始调查了。除了卷尺、地图和文具外，也要准备记录采访内容的调查问卷。

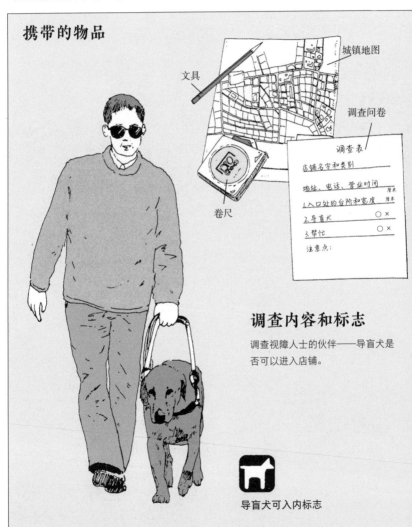

携带的物品

文具

城镇地图

调查问卷

卷尺

调查表

店铺名字和类别

地址、电话、营业时间

1.入口处的台阶和宽度　厘米　厘米

2.导盲犬　　　　　　　○×

3.帮忙　　　　　　　　○×

注意点：

调查内容和标志

调查视障人士的伙伴——导盲犬是否可以进入店铺。

导盲犬可入内标志

可调查的内容很多。这次我们选取导盲犬是否可以进入店铺、店铺入口处的宽度和台阶高度、店员是否愿意协助这3点进行集中调查。

提问、调查的时候，一定要获得对方的许可。孩子们突然到店里访问可能会遭到拒绝，所以请师长帮忙联系店里的人会比较好。

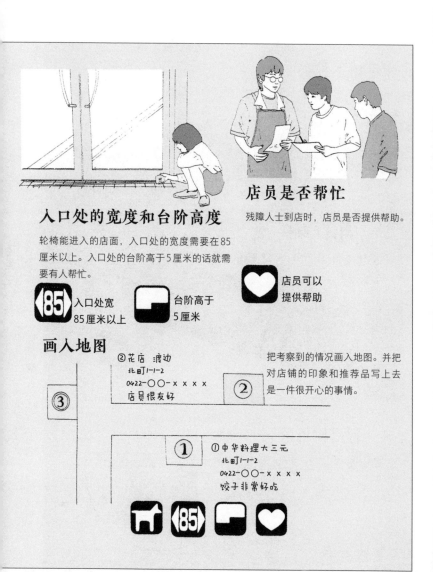

入口处的宽度和台阶高度

轮椅能进入的店面，入口处的宽度需要在85厘米以上。入口处的台阶高于5厘米的话就需要有人帮忙。

(85) 入口处宽
85厘米以上

台阶高于
5厘米

店员是否帮忙

残障人士到店时，店员是否提供帮助。

♥ 店员可以提供帮助

画入地图

②花店 渡边
北町1-1-2
0422-○○-××××
店员很友好

③

②

把考察到的情况画入地图。并把对店铺的印象和推荐品写上去是一件很开心的事情。

①

①中华料理大三元
北町1-1-2
0422-○○-××××
饺子非常好吃

🐕 (85) ▢ ♥

考察行道树的作用

　　稍宽一点的道路两旁都会种植林荫树。在绿色植物较少的城市，行道树会使我们心情平静。现在用作行道树的树木有100多种，根据种植城市的气候和环境选择合适的树木。

　　考察自己所在的城市中的行道树，它们是什么树，它们的种植间隔是多少，

考察树木种类

落叶树

榉树

冬天叶子会掉落，道路不会昏暗。

常青树

白橡

落叶少，道路不会变脏。

树的间距

用固定长度的塑料绳测量树的间距。

制作行道树地图

在城镇地图上标上树木种类、种植间隔。

蛋糕店　干洗店　　面包店　西式点心店

→ 榉树　35米间距

空间距　唐槭

日式点心店　荞麦

并绘出行道树地图。街道两旁的行道树曾经是旅客的歇脚处，也是路标。现在是汽车社会，行道树可以吸收汽车尾气、可以减少噪声，和以前相比，它们的作用已经发生了改变。

另外，可以向园林工人请教他们是怎么养护这些行道树的。

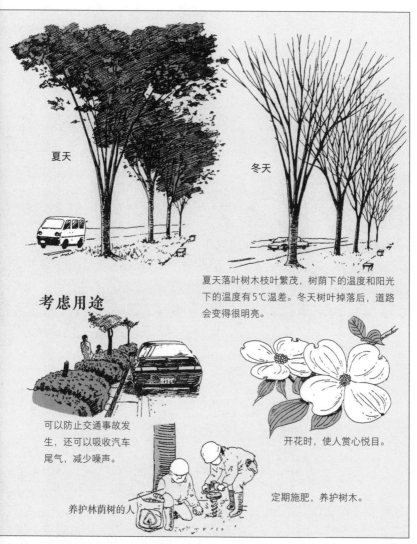

夏天

冬天

夏天落叶树木枝叶繁茂，树荫下的温度和阳光下的温度有5℃温差。冬天树叶掉落后，道路会变得很明亮。

考虑用途

可以防止交通事故发生，还可以吸收汽车尾气，减少噪声。

开花时，使人赏心悦目。

养护林荫树的人

定期施肥，养护树木。

考察防灾设施

　　你家的防灾措施做到位了吗？大家都清楚地知道避难场所的位置吗？尝试考察自己所在城市的避难场所和防灾设施吧。

　　首先了解紧急时刻的饮用水供应处、消防队、直升机机场等避难场所的位置。

　　确认防灾设施所在的位置时，需要实际走到那个地方，并用秒表或手表计算

秒表或手表

地图

如果没有防灾地图，可以利用路边的避难场所指示图确认防灾设施的位置。

测量走到防灾场所的时间

从家出发走到各个防灾场所，计算出需要多少时间。

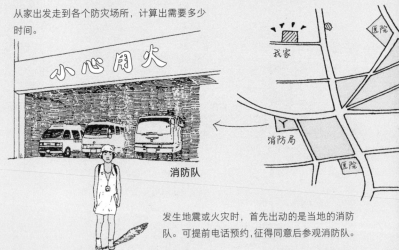

消防队

发生地震或火灾时，首先出动的是当地的消防队。可提前电话预约，征得同意后参观消防队。

出从家到避难场所要花的时间。

　　给各个防灾点的防灾设施拍照，在大张的模造纸上画地图并贴上照片。如果有可能，采访防灾场所的管理人员，并将采访内容写入地图中，这将会成为有趣的实验课题。

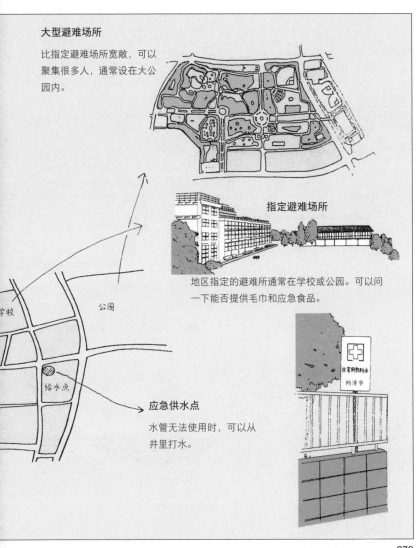

大型避难场所

比指定避难所宽敞，可以聚集很多人，通常设在大公园内。

指定避难场所

地区指定的避难所通常在学校或公园。可以问一下能否提供毛巾和应急食品。

学校

公园

给水点

应急供水点

水管无法使用时，可以从井里打水。

考察配餐

你喜欢学校的配餐吗？现在的配餐样式丰富，光看菜单都会令人开心。

但是以前的配餐和现在的差别很大，你可以尝试查阅配餐的历史和以往的菜单。

日本最早的配餐是 1889 年由山形县鹤岗町推出的"咸鲑鱼、腌菜、饭团"。

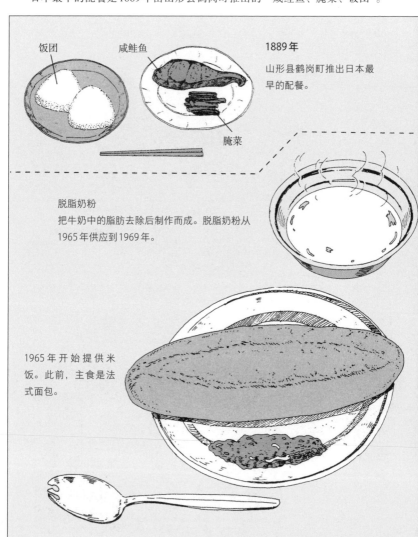

饭团   咸鲑鱼

腌菜

1889 年

山形县鹤岗町推出日本最早的配餐。

脱脂奶粉

把牛奶中的脂肪去除后制作而成。脱脂奶粉从 1965 年供应到 1969 年。

1965 年开始提供米饭。此前，主食是法式面包。

全国范围的学校开始提供"配餐"是在1954年。但是，现在大家认为很正常的牛奶，以前是用脱脂奶粉泡的，很多人都不喜欢。此外，以前的主食只有法式小面包，米饭和面类是在1965年后才出现的。

可以向教育委员会询问关于配餐的信息。如果擅长做饭，还可以再现菜单上的配餐。

肉酱意面

牛奶

布丁

1964年

意面等面食是在1964年左右出现的。

法式沙拉

1955年

学校配餐法颁布后的配餐。地区和学校不同，菜单也会有所不同。

凉拌粉丝和黄瓜

白米饭

用绳文时代的食物、坚果做菜

　　绳文时代（公元前1200年～公元前300年）的生活，一般是打渔、狩猎、采摘野果这类受自然支配的生活。如果恶劣天气持续，无法打猎，就只能吃储存的坚果类食物了。有即使生吃也很甘甜的坚果，也有像麻栎、石砾那种苦涩不堪、难以下咽的坚果。但是苦味坚果当时也是重要的食材。

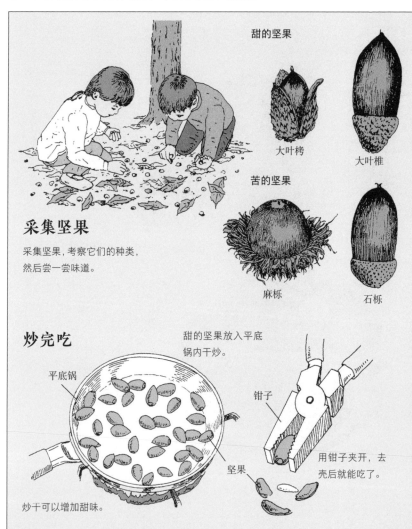

甜的坚果

大叶栲

大叶椎

苦的坚果

麻栎

石栎

采集坚果

采集坚果，考察它们的种类，
然后尝一尝味道。

炒完吃

平底锅

甜的坚果放入平底
锅内干炒。

钳子

坚果

用钳子夹开，去
壳后就能吃了。

炒干可以增加甜味。

我们把甜的坚果和苦的坚果都做成饭菜，体验一下绳文时代的生活吧。以前人们用石灰来除去坚果的苦涩味道，这需要花很长时间，所以我们用小苏打煮水除去苦味。

在大张的模造纸上，把各种坚果和它们生食时的味道做成表格，并用简图或照片总结烹饪方法。

除去苦味后食用

坚果去壳。在锅中倒水，放入3～4勺小苏打，煮1小时。

变成褐色后，倒掉汤汁。

小苏打

水

去壳坚果

在加入小苏打的锅中重复再煮4次。

筞篱

把坚果移至筞篱中。

研磨棒

研磨碗

在研磨碗中捣碎坚果。

加入白砂糖调味。

倒入淀粉搅拌。

做成丸子就完成了。

考察手语

手语是有听力障碍的人用手和手臂表示形状、位置或动作，以此来与他人交流的"语言"。

可以通过去图书馆查阅与手语相关的书籍或参加手语交流小组来考察手语的表现方式，然后尝试练习手语。

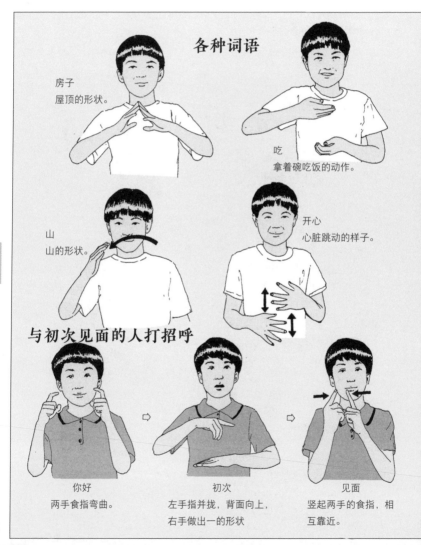

各种词语

房子
屋顶的形状。

吃
拿着碗吃饭的动作。

山
山的形状。

开心
心脏跳动的样子。

与初次见面的人打招呼

你好
两手食指弯曲。

初次
左手指并拢，背面向上，右手做出一的形状。

见面
竖起两手的食指，相互靠近。

用照片或图画总结手语的用法。练习时，可从打招呼或自我介绍等简单的手语开始。

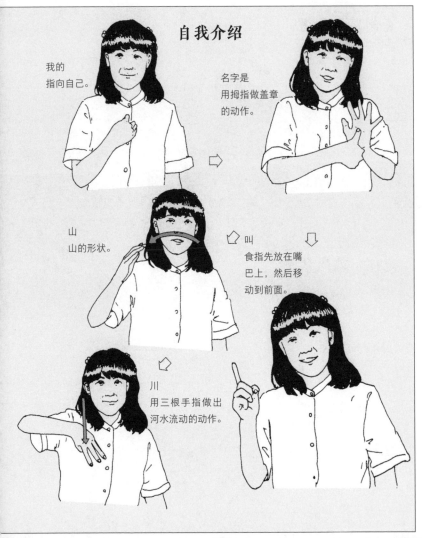

自我介绍

我的
指向自己。

名字是
用拇指做盖章
的动作。

山
山的形状。

叫
食指先放在嘴
巴上，然后移
动到前面。

川
用三根手指做出
河水流动的动作。

研究筷子的正确使用方法

用筷子把碟子拉到面前是不行的，你是否因为筷子使用不当被爸爸妈妈批评过？

到图书馆查阅关于筷子和筷子使用习俗的书，试着总结出正确的使用方法。

另外，可以考察长筷子、一次性筷子等不同种类的筷子，也可以考察筷子的

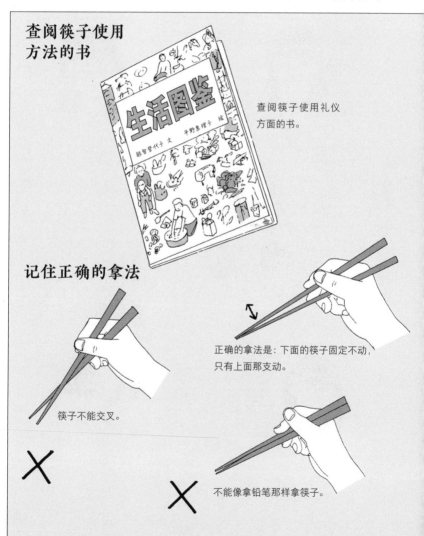

查阅筷子使用
方法的书

查阅筷子使用礼仪
方面的书。

记住正确的拿法

正确的拿法是：下面的筷子固定不动，只有上面那支动。

筷子不能交叉。

不能像拿铅笔那样拿筷子。

材质，这是一项有意义的趣味实验。

记住正确的夹取方法

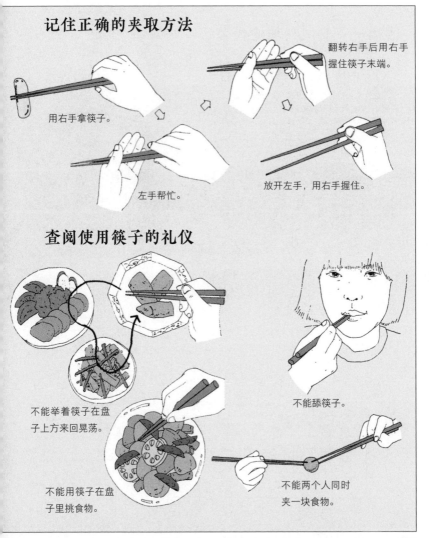

用右手拿筷子。

翻转右手后用右手握住筷子末端。

左手帮忙。

放开左手，用右手握住。

查阅使用筷子的礼仪

不能举着筷子在盘子上方来回晃荡。

不能舔筷子。

不能用筷子在盘子里挑食物。

不能两个人同时夹一块食物。

考察大豆的自给率

　　日式凉拌豆腐、豆腐味噌汤，既有营养又好吃。并且，豆腐是日本食物的典型代表。但是，日本做豆腐的原材料——大豆，却几乎都是从国外进口的。

　　2008 年日本消费的大豆中，日本本国的产量（自给率）只占 6%。经考察，日本主要从美国、巴西、加拿大进口大豆。大豆还可以用于制作味噌、酱油、纳

豆腐——日式料理的代表

豆腐的原材料是大豆。尝试考察使用豆腐做成的料理，会发现有凉拌豆腐、寿喜烧、味噌汤等日本风味十足的食物。

豆腐味噌汤

大豆

凉拌豆腐

考察大豆的自给率

大豆的自给率从 1945 年持续降低，至 2008 年是 6%。现在很难说豆腐是日式食物了。

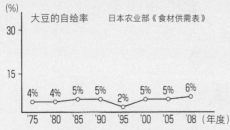

(%)

大豆的自给率　　　日本农业部《食材供需表》

30

15

4%　4%　5%　5%　2%　5%　5%　6%

'75　'80　'85　'90　'95　'00　'05　'08（年度）

豆等食物。

尝试考察其他事物的情况，并总结在图表中。

从哪里进口的呢？

从美国、巴西、加拿大进口的大豆占日本大豆总
进口量的绝大部分，其中从美国进口的数量最多。
尝试在空白地图上画出进口国。

其他

家家太 7.3%

巴西 13.5%

418 万吨

美国 74.8%

2005年统计

美国　313万吨

巴西　56万吨

加拿大　31万吨

日本的产地

北海道和九州最多，但是除了表中5个
县以外，新潟、山形、栃木也有生产。

日本国内的大豆产量

单位 吨

全国	261400
1北海道	56800
2佐　贺	22800
3福　冈	17500
4宫　城	16800
5秋　田	16600

2008年统计

考察大豆制品

大豆制品除了豆腐外，还有味噌、酱油、纳豆等，都是日本人餐桌上不可缺少的食物。

考察食材的自给率

日本的很多食材依赖于进口。让我们来考察一下吧!

考察一下大家都喜欢的鸡肉和鸡蛋吧! 我们会发现,鸡肉的自给率是70%,鸡蛋自给率达到90%以上,这两个都很优秀。但是鸡饲料的自给率只略超20%,所以鸡蛋的实际自给率其实没那么高。

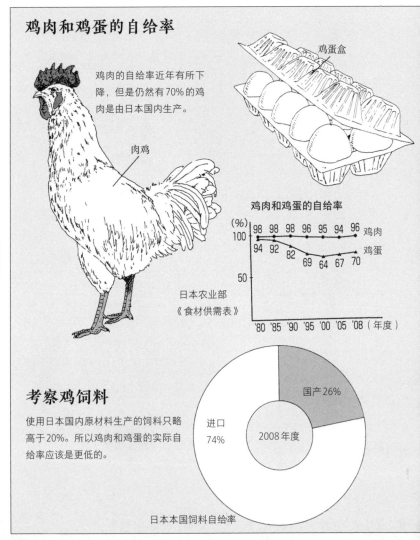

鸡肉和鸡蛋的自给率

鸡肉的自给率近年有所下降,但是仍然有70%的鸡肉是由日本国内生产。

鸡蛋盒

肉鸡

鸡肉和鸡蛋的自给率

(%)

98 98 98 96 95 94 96 鸡肉
100

94 92 82 69 64 67 70 鸡蛋

50

日本农业部
《食材供需表》

'80 '85 '90 '95 '00 '05 '08(年度)

考察鸡饲料

使用日本国内原材料生产的饲料只略高于20%。所以鸡肉和鸡蛋的实际自给率应该是更低的。

国产26%

进口
74%

2008年度

日本本国饲料自给率

大米和蔬菜的情况又如何呢？大米的自给率接近100%，蔬菜也超过80%。但是种植大米时用的拖拉机、塑料大棚里调节温度所需的电，都要用到石油，而日本的石油几乎全部依靠进口。

所以我们可以了解到，日本富足的生活需要建立在世界各国安定的基础上。

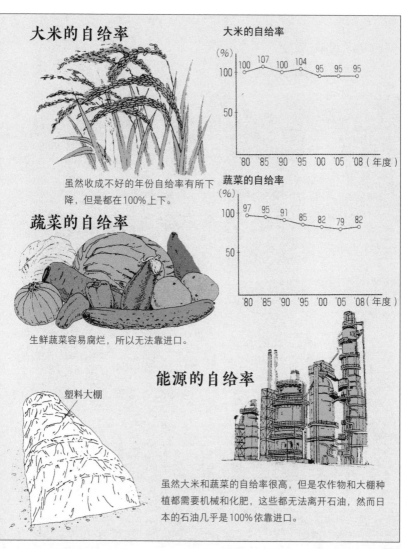

大米的自给率

大米的自给率

虽然收成不好的年份自给率有所下降，但是都在100%上下。

蔬菜的自给率

蔬菜的自给率

生鲜蔬菜容易腐烂，所以无法靠进口。

塑料大棚

能源的自给率

虽然大米和蔬菜的自给率很高，但是农作物和大棚种植都需要机械和化肥，这些都无法离开石油，然而日本的石油几乎是100%依靠进口。

考察国际友好城市

　　考察你所在的城市的友好城市。有的城市可能有多个友好城市。考察的内容包括：缔结友好关系的时间，缔结的契机，对方城市的人口、产业和文化，双方进行了哪些交流活动等。

　　可以到市政府咨询，查阅资料。

画进地图

把友好城市的位置画进地图。

契机是什么

调查缔结姐妹城市的契机、原因以及
缔结关系的年份。

17世纪仙台藩伊达政宗的家
臣支仓常长在去往罗马法王
厅的途中经过阿卡普尔科市，
1973年仙台和阿卡普尔科市
缔结为友好城市。

考察对方城市的人口和主要产业

阿卡普尔科市是旅游胜地，每年有很多游客到访。

城市名	缔结友好关系的时间
河滨市	1957年3月
雷恩市	1967年9月
明斯克市	1973年4月
阿卡普尔科市	1973年10月
长春市	1980年10月
达拉斯市	1997年9月

城市名	人口数量
河滨市	约24万
雷恩市	约20万
明斯克市	约170万
阿卡普尔科市	约150万
长春市	约660万
达拉斯市	约100万

交流形式

调查进行过哪些交流活动。

每年3月，在仙台市会举行姐妹城市之间的马拉松大赛。

从人口金字塔中了解到的知识

　　将某地域的人口按年龄、性别分类并制作出图表，会发现图表呈现阶梯式分布。这就是人口金字塔。

　　生老病死是自然规律，有很多小孩出生，也有很多人会因为疾病或衰老而走向死亡。但是如果遭遇战争或经济严重不景气这样的重大事件时，人口金字塔形

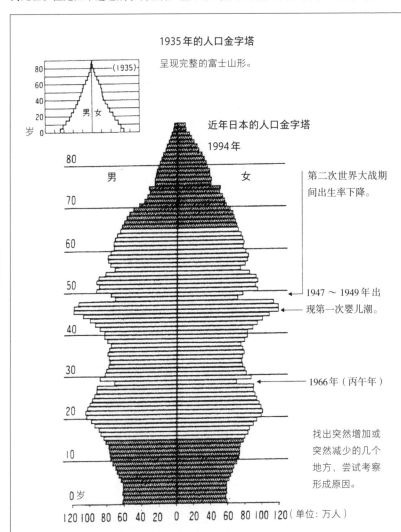

1935 年的人口金字塔

呈现完整的富士山形。

近年日本的人口金字塔

1994 年

第二次世界大战期间出生率下降。

1947 ～ 1949 年出现第一次婴儿潮。

1966 年（丙午年）

找出突然增加或突然减少的几个地方，尝试考察形成原因。

120 100 80 60 40 20　0　20 40 60 80 100 120（单位：万人）

状就会被破坏。

　　以前日本的人口金字塔是富士山形，但是近几年出现了中间部分凸起的情况，有时一些部分年龄段的人数突然增多，甚至是飞跃式增长，那是因为当时日本社会发生了某些重大事件。可以在图书馆查阅当时的报纸缩印版或有关日本重大事件的书，考察这些重大事件。日本的人口金字塔则可在《日本统计年鉴》《国事考察报告》等资料中查阅。

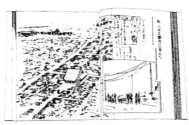

第二次世界大战

1945年日本本土遭到轰炸，战争结束。那个时期是日本最混乱的时期。（《昭和二万日的全部记录》，讲谈社）

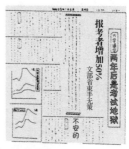

第一次婴儿潮（新闻报道）

1947～1949年，日本社会从战后的混乱中恢复，出现婴儿潮。

1966年（新闻报道）

这个电台节目的内容是：1908年出生的人在谈论关于迷信的话题。那一年的婴儿用品销量减少了两成。

1966年是农历丙午年。日本有在这一年出生的女孩子会吃掉男孩子这样的迷信说法。虽然知道这样的说法是迷信，但是确实有人不在这一年生孩子。

会留下多少垃圾？

你没有乱扔过垃圾吧？你家附近有垃圾吗？从你家到学校的路上有多少垃圾呢？试着收集垃圾吧。

收集垃圾后你会发现，从小的到大的，垃圾的种类各式各样。把收集到的垃圾按种类和扔垃圾者的年龄（大人和小孩）进行分类，并记数，将结果

测量10步是几米？

用卷尺测量出自己走10步的距离。反复测5次后取平均值。

注意车辆。

塑料袋

夹子

制作地图

测量考察路段的长度，并制作道路地图。把道路周围的建筑也画进去。

自动贩卖机

售卖烟和果汁的贩卖机附近会有很多空瓶子和烟头。

总结在饼状图中。你会发现，数量最多的是烟头、果汁瓶或咖啡罐等。而且不同路段上的垃圾的种类也不一样。为什么会这样？让我们观察一下路况并推测原因吧。

虽然老师教育我们不能乱扔垃圾，但是无论是大人还是小孩，依然会乱扔垃圾。

大约500米长的道路上就有这么多垃圾。

公园里明明有垃圾桶，可地面上还是有很多包装纸和烟头。

将垃圾分类

计算垃圾数量并分类。垃圾中数量最多的是烟头和小零食的包装纸。还可以按扔垃圾的人分类并制作饼状图。

用牛奶盒制作再生纸

　　尝试用牛奶盒做再生纸吧。规模虽小，但是和在工厂做再生纸的工序几乎是一样的。

　　纸张是用树木制成的，可以循环利用。通过循环利用，即使力量微薄也能保护我们宝贵的森林资源。

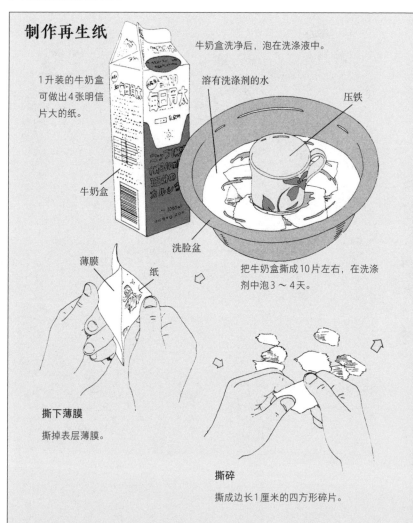

制作再生纸

1升装的牛奶盒可做出4张明信片大的纸。

牛奶盒

牛奶盒洗净后，泡在洗涤液中。

溶有洗涤剂的水

压铁

洗脸盆

把牛奶盒撕成10片左右，在洗涤剂中泡3～4天。

薄膜

纸

撕下薄膜

撕掉表层薄膜。

撕碎

撕成边长1厘米的四方形碎片。

然而，作为原料的废旧纸张很便宜，所以再生纸的贩卖价格也低，因此有些地区的循环造纸工程很难维持下去。这就是再生纸的开发无法继续推进的原因。可尝试寻找用再生纸做成的物品和用树木做成的物品进行对比，确认质量是否有差距。

用牛奶盒做再生纸，并将对身边的再生纸成品的考察总结进报告中。

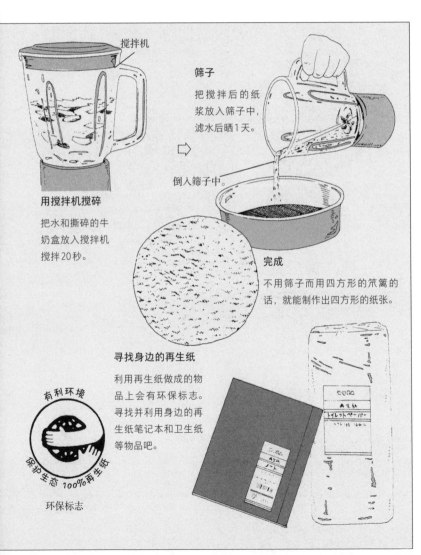

搅拌机

用搅拌机搅碎

把水和撕碎的牛奶盒放入搅拌机搅拌20秒。

筛子

把搅拌后的纸浆放入筛子中，滤水后晒1天。

倒入筛子中。

完成

不用筛子而用四方形的笊篱的话，就能制作出四方形的纸张。

寻找身边的再生纸

利用再生纸做成的物品上会有环保标志。寻找并利用身边的再生纸笔记本和卫生纸等物品吧。

有利环境
保护生态 100%再生纸

环保标志

收集漂流物

　　到海边或湖畔散步会发现有各种东西漂到岸边，这些就是漂流物。不要以为它们只是普通的垃圾，一想到这些漂流物的来源和使用过它们的人，你就会觉得漂流物有特殊意义。收集漂流物，并写下你的研究所得。

　　漂流物中数量最多的是塑料类物品。塑料无法分解，所以会一直漂在海面

椰子
椰子会被海流运到很远的地方
生根发芽。

鹦鹉螺壳
鹦鹉螺主要生长在菲律宾和澳大
利亚附近海域，是已经灭绝的菊
石的同类。

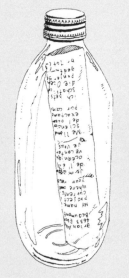

漂流瓶
1986年，一位当时11岁的少
年请游轮上的工作人员帮忙
扔到太平洋的漂流瓶，在5年
后漂到了岸上。

上。中国、韩国生产的玩具和打火机也有很多会漂到日本的海岸边来。有时候还会从离日本很远的南方国家漂来鹦鹉螺壳、椰子等物品。

这里介绍的是高知县大方町砂浜美术馆收集的漂流物。

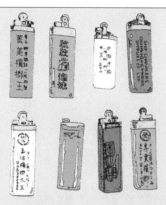

打火机
除了日本制造，也有中国和韩国制造的打火机漂过来。如果有懂中文或韩文的人，可以请他们帮忙读一下文字。

鞋子
可能是孩子们在海边玩耍时被海水冲走的，也有可能是被扔掉的。

塑料容器
装农药或果汁的塑料容器无法分解，海里的生物不小心吞食下去的话很可能会死亡。

鱼漂
打鱼时使用的鱼漂。有玻璃瓶、轻木等各种材质。玻璃瓶作为室内装修素材也很受欢迎。

通过纸箱寻找蔬菜的产地

　　很多蔬菜都是被装入纸箱后运往各地。纸箱上一般会标明蔬菜的产地。到附近的超市或蔬菜店考察，征得对方同意后给纸箱拍照。找到各种蔬菜的产地后写到地图上。你可以在社会统计资料或介绍产业、农业的书上查找蔬菜产地。

走访店铺

附近的超市或菜市场应该有很多装蔬菜的纸箱。得到店内工作人员许可后可拍照。

查阅书本

在统计资料或介绍各县的产业、农业的书中，查阅蔬菜产量和蔬菜品种。

制作地图

在大张的模造纸上画出地图，贴上纸箱照片，并把考察到的情况写到地图中。

以日本为例：

贴上纸箱照片。

佐贺县洋葱产量全国第三。

写下考察到的事实。

画出地图。

国土面积较大或南北狭长的国家可以利用温差种植各种蔬菜。此外，通过大棚种植也可以吃到反季食物。花一年时间进行考察，你会发现，蔬菜的产地会随季节发生变化。考察每个产地种植什么样的蔬菜后就能知道其中的原因了。

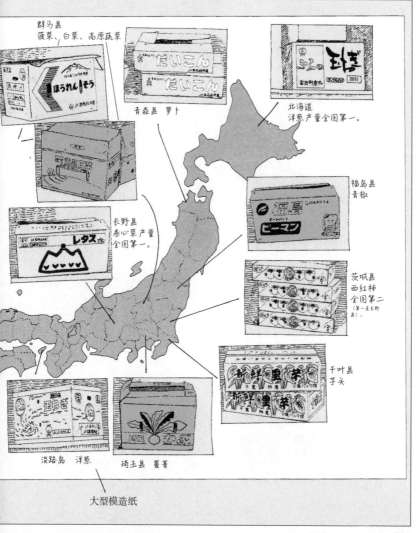

群马县
菠菜、白菜、高原蔬菜

青森县　萝卜

北海道
洋葱产量全国第一。

福岛县
青椒

长野县
卷心菜产量
全国第一。

茨城县
西红柿
全国第二
（第一是长野县）。

千叶县
芋头

淡路岛　洋葱

琦玉县　蔓菁

大型模造纸

考察印有人物照片的商品

 在超市的货架上，我们能够看到一些印有人物照片和人名的商品。出于好奇，所以在不知不觉中拿起了商品。试着考察一下这些商品这样设计的理由。

 理由之一是：消费者知道是什么样的人在制作商品后，会更信赖商品的质量和安全性。

考察店铺

肉类、大米、裙带菜等几种商品可能会贴人物照片，也可能只写人名。

鸡肉

牛奶（只有名字）

比内鸡腿肉

裙带菜

大米

另一个理由是：生产者对商品负责，这样可以吸引更多的人购买。

找到印有人物照片的商品，向妈妈询问对这样的商品有什么看法。然后向店员了解这些商品的销售情况和顾客的评价如何。最后，直接向厂家寄送问卷，询问这样做的理由和市场回馈。

采访妈妈和店员

问问妈妈对商品的看法。向店员询问销售情况和顾客评价。

向照片上的人寄去问卷

信封

回信用的信封

问题

①您什么时候开始在商品上印人物照片的呢？

②印上人物照片后，销量怎么样？

③请告知我们哪件事让您觉得做这个工作太好了。

④……

问卷

商品上写有生产者的名字、联系方式，所以试着给生产者寄送问卷吧。不要忘记放入回信用的信封。

考察节日

即使是同一个活动，因地域不同举行的方式也会不一样。查阅书本或向父母询问他们各自家乡的情况。

琦玉县的民俗岁时记

七草粥

在日本，1月7日要吃放入7种菜的粥。超市有7种菜合在一起卖的蔬菜包装。

冬炼

在1月11日吃开镜年糕这天或大寒当日，进行武道练习，锻炼意志力。

每年在固定的时间内，人们会展开一些类似喝七草粥、冬炼的民俗活动。考察这些民俗活动的意义和起源。

赏月

农历八月是仲秋，八月十五日这一天人们会吃丸子、番薯，用芒草装饰房间，也会赏月。

柚子澡

12月22日冬至这一天，人们会把柚子放入浴缸中泡澡，也有一些地方是吃南瓜和魔芋。

从车站便当中考察乡土特产

全日本的JR车站中售卖车站便当的据说有500多个。车站便当中除了幕之内便当和寿司便当外，还有以某个地区的特色产品为原材料做成的招待便当。如果你有机会坐火车或电车旅行的话，记得买当地的招待便当，记录下它们是用什么材料以及怎样做成的，并保留下包装盒。

考察名字和设计

※以秋田县为例

三角形的容器象征着鸟海山。

完整的秋田县
意思是秋田县各地的特产都可以在这一个便当中品尝到。

竹笋
可以在田泽湖附近摘取竹笋,这里的"生保内笋"很有名。

秋田蜂斗菜
生长在北海道和东北地区,叶柄长达2米。可做成蜜饯,也可作为日式点心的原材料。

比内鸡
土鸡和斗鸡杂交成的品种,因为味道很好而成为日本三大名鸡之一。

考察内容包括：为什么如此给便当命名？包装设计有没有什么特殊的理念？便当中的原材料是不是都是当地特产等。另外，在图书馆中查找该县（省）的地方志以了解当地的产业和文化。如果查阅了资料还不能了解，可以给包装上标明的制造商寄去问卷，请他们告诉你。

记得放入回信用的信封。

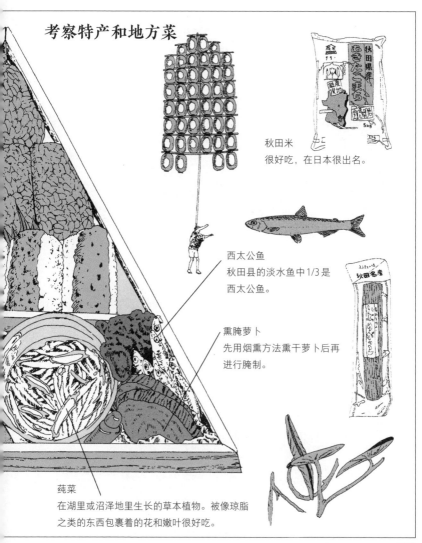

考察特产和地方菜

秋田米
很好吃，在日本很出名。

西太公鱼
秋田县的淡水鱼中1/3是
西太公鱼。

熏腌萝卜
先用烟熏方法熏干萝卜后再
进行腌制。

莼菜
在湖里或沼泽地里生长的草本植物。被像琼脂
之类的东西包裹着的花和嫩叶很好吃。

考察城镇中的古旧事物

寻找古街道

拍摄古建筑，考察这些古建筑的建成时间。

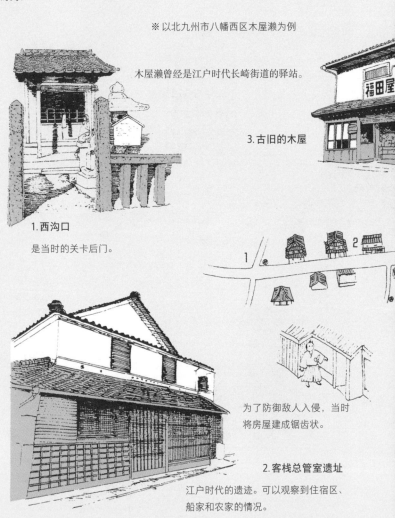

※ 以北九州市八幡西区木屋濑为例

木屋濑曾经是江户时代长崎街道的驿站。

3.古旧的木屋

1.西沟口

是当时的关卡后门。

为了防御敌人入侵，当时将房屋建成锯齿状。

2.客栈总管室遗址

江户时代的遗迹。可以观察到住宿区、船家和农家的情况。

考察一下你家附近的古建筑、历史遗迹、节日等，这样可以了解到自己不知道的家乡历史。

4.古时候的旅馆

考察节日

驿站舞

调查一下舞蹈的起源。

5.古旧的酱油店

考察服装花纹的名称

查找衣柜

从衣柜里找出各种花纹的衣服。

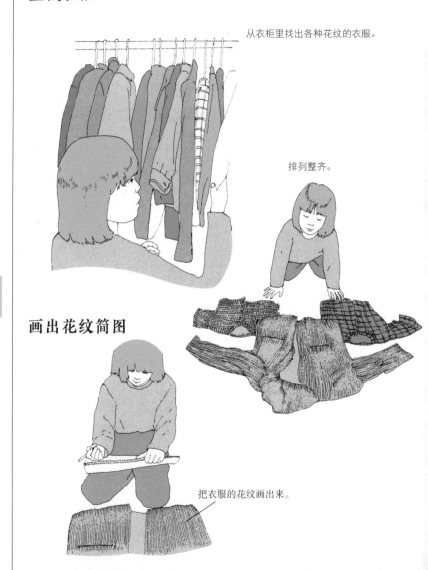

排列整齐。

画出花纹简图

把衣服的花纹画出来。

你的衣服上应该也有各种各样的花纹。查阅设计衣服纹样的书，并记下花纹的名称。

查找花纹的名称

在服装裁剪相关书籍中查找你画出来的花纹的名称。

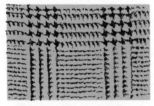

格纹

波点

密竖条纹

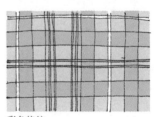

彩色格纹

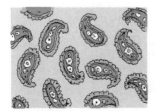

佩斯利花纹

粗竖条纹

爸爸和妈妈的故乡

旅游景点

※以高知县为例

桂浜
拍下观光地和特产的照片，
并写下感想。

斗犬

食物

在吃地方特色料理或特产时记得先拍照，然后
写下味道和感想。

皿钵料理

方言

听当地的爷爷奶奶讲方言，和自己使用的话进
行对比，并总结在图表内。

在去父母的故乡时，拍下旅游景点和当地食物的照片；也可以剪下宣传手册中关于当地方言、历史和民俗的相关介绍，制作成令人愉悦的故乡简介。

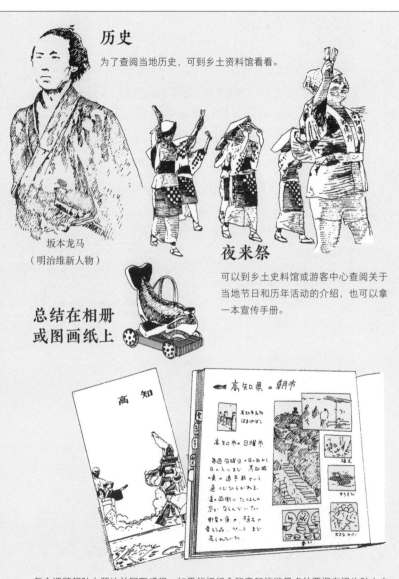

历史

为了查阅当地历史，可到乡土资料馆看看。

坂本龙马
（明治维新人物）

夜来祭

可以到乡土史料馆或游客中心查阅关于当地节日和历年活动的介绍，也可以拿一本宣传手册。

**总结在相册
或图画纸上**

每个课题都贴上照片并写下感想。如果能把纪念印章和旅游景点的票据存根也贴上去会更完美。

联系方式的查找方法

为了让趣味实验顺利进行，尤其是采访各路人士时，必须找出对方的电话号码。这里介绍几种基本的电话号码查询方法。

如果你知道对方的住址和姓名，又和对方住在同一个地区的话，可以在电话本上查找。如果家里没有电话本，可以到图书馆查找。

查找电话号码的另一个方法，就是致电114电话号码服务平台。打电话给114，会有客服人员接电话，并告知你想要查找的人的地址和姓名。大多数情况下，知道街道名就能查到电话号码。

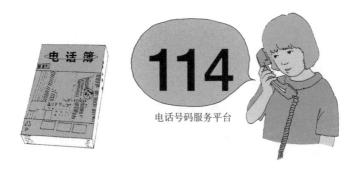

电话号码服务平台

实用技巧

插图与简图的绘制方法

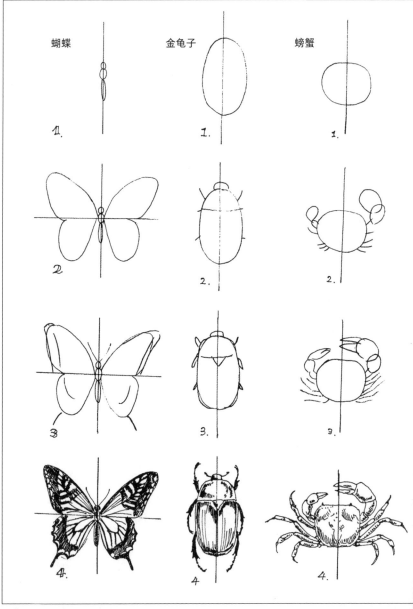

蝴蝶

1.

2

3

4.

金龟子

1.

2.

3.

4

螃蟹

1.

2.

3.

4.

不要毫无准备就开始画插图或简图，要先用铅笔画出大致轮廓，再慢慢填补其他部分，这样图画整体才会比较平衡。涂色最后进行。

猫　　　　鸟　　　　鱼

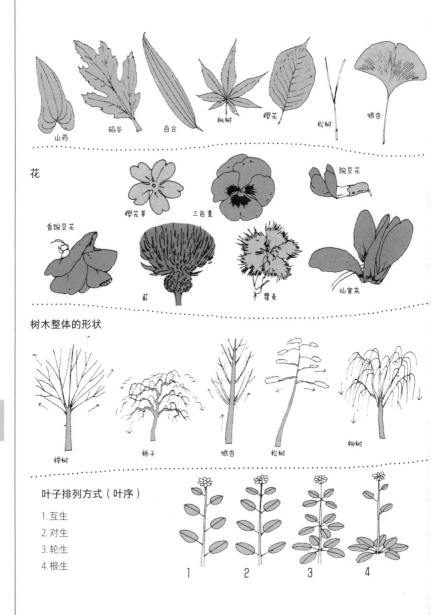

叶子

山药　稻谷　百合　枫树　樱花　松树　银杏

花

樱花草　三色堇　豌豆花　香豌豆花　蓟　瞿麦　仙客来

树木整体的形状

榉树　柿子　银杏　松树　柳树

叶子排列方式（叶序）

1. 互生
2. 对生
3. 轮生
4. 根生

1　2　3　4

在画简图和插图时，要抓住特征进行速写。

从自己喜欢的生物开始练习，会慢慢进步。

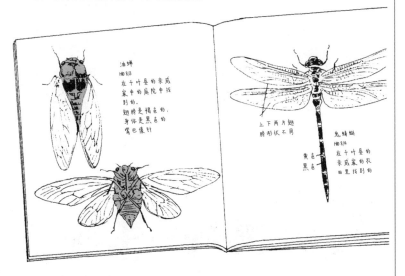

拍照的方法

相机的种类和特征

小型数码相机

体积小、轻便且易操作的数码相机。可以变焦拍摄，也能微距拍摄（拍摄时扩大焦距）。

数码单反相机

体积和镜头都很大，熟练使用的话可以拍出各种不同的照片。可以根据拍摄内容更换镜头。

数码相机的特点

自动摄影模式

有把小物品放大拍摄的微距拍摄模式，有拍摄动态物体的运动模式等。选择某一模式后相机会自动进行设定，非常方便。

选择画质

相机的画质有高画质、正常画质（不同相机叫法也不同）等模式可供选择。当然，选择高画质的话可拍摄照片的数量也会减少。

微距拍摄模式　运动模式

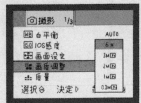

照片可以使我们的实验更有意思。即使是不擅长绘画的人，也可以自如地运用相机拍照。

胶卷相机

相机和胶卷合为一体，操作很简单，只需要按下快门就可以拍照。与被拍摄物体之间的最佳距离是1米，小于1米的话图像会模糊。

相机的拿法

背带

把相机挂在脖子上时，要调整背带长度，使相机大概落到胸部附近。

关于ISO

通过调高数码相机的感光度——ISO，能提高快门速度，也能防止照片模糊。只是ISO调到800或1600时，画面多少会出现一些噪点。

小心手抖

没拍好照片的一个重要原因是手抖，在按快门时很容易发生。两个手肘夹紧腋下可以防止手抖。

在拍照方法上下功夫

稍微下点功夫，拍出来的照片就会很好看。

曝光不足。

曝光过度。

拍大景深照片

作为实验或观察的照片，最好是大景深照片。缩小光圈，景深就会增大，同时快门速度也会放慢，要尽量控制在照片不容易模糊的程度。

用笔记本反射阳光

在强光下，被拍摄物体背面会有阴影，拍出来的照片较暗，破坏美感。用笔记本之类的物品反射光线，拍出来的效果会比较好。

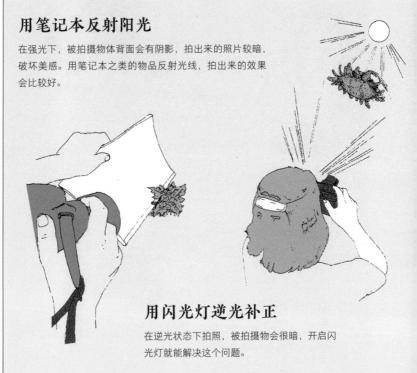

用闪光灯逆光补正

在逆光状态下拍照，被拍摄物会很暗，开启闪光灯就能解决这个问题。

拍摄看得出物体大小的照片

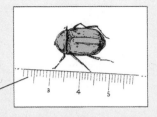

刻度尺

用身边的物品或尺子作为参照物，我们就能知道被拍摄物的大小了。

拍放大图

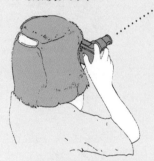

放大近距离物体

使用小型数码相机时，用微距拍摄模式，在被拍摄物和镜头之间加入放大镜的话可以拍出被放大的物品。尽量使用直径较小的放大镜。

放大远距离物体

使用数码相机的变焦镜头，光学变焦和数码变焦相结合，可以放大被拍摄物。

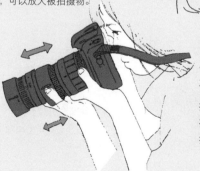

焦点固定后移动身体

拍摄时，先将被拍摄物固定在焦点上，再前后移动身体找到对焦点。

放大镜或凸透镜的使用方法

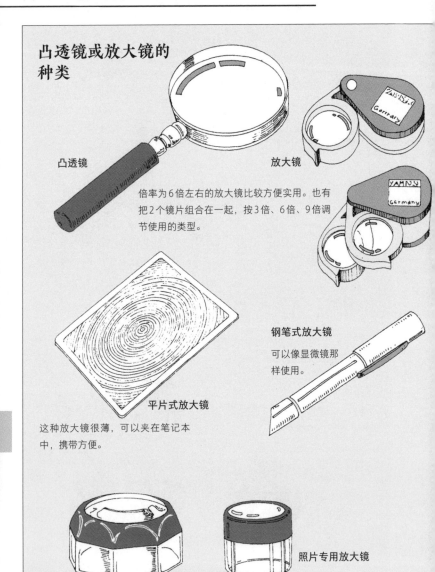

凸透镜或放大镜的种类

凸透镜

放大镜

倍率为6倍左右的放大镜比较方便实用。也有把2个镜片组合在一起，按3倍、6倍、9倍调节使用的类型。

钢笔式放大镜

可以像显微镜那样使用。

平片式放大镜

这种放大镜很薄，可以夹在笔记本中，携带方便。

照片专用放大镜

观察昆虫身体构造、花的构造、石头表面等细微处要使用凸透镜或放大镜。

凸透镜或放大镜的使用方法

基本方法是凸透镜或放大镜在眼前固定，移动被观察物体，使其在焦点内。

如果被观察物体可以用手移动的话，可前后移动物体使其在焦点内。

如果被观察物体无法移动，则前后移动身体使其在焦点内。

使用照片专用放大镜

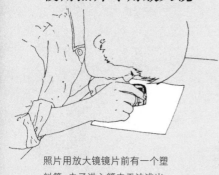

照片用放大镜镜片前有一个塑料筒，虫子进入筒内无法逃出，所以可仔细观察。

双筒望远镜

反向拿双筒望远镜，从物镜观察物体可达到显微镜的效果。

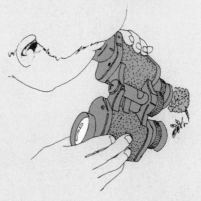

双筒望远镜的使用方法

适合户外观察的双筒望远镜

建议选购倍率为 7 ~ 10 倍、物镜口径在 40 毫米以上的望远镜，因为这样的双筒望远镜便于户外使用。

倍率

高倍率望远镜可以放大物体。但是倍率过高，就容易产生画面模糊、被观测物超出视线范围等现象。

7×50 EXPS

FIELD 5.6°

口径

口径越大，望远镜观察到的画面越清晰明亮，越容易观察。特别是观察星座时，推荐使用口径50毫米以上的双筒望远镜。

视野范围

在不移动双筒望远镜时的可见范围，视场越大，视野越广。倍率越大，视野越小。

双筒望远镜的使用方法

调节背带

把双筒望远镜移到接近胸口位置。

固定在三脚架上

可以观察到稳定的画面。

固定手肘

可以在一定程度上防止画面模糊。

观察鸟类、月亮、星星时，必须使用双筒望远镜。哪种类型的双筒望远镜都可以，但是要先熟悉使用方法。

熟悉使用方法

先用肉眼寻找远处的静止物体，通过练习，使自己能用望远镜马上看到物体。

捕捉小目标物的方法

一下子用望远镜直接捕捉到小的目标观测物很难。所以，可以先找到它附近的显眼物体，再去寻找小目标物。

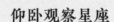

仰卧观察星座

如果一直抬头观察星座，脖子会酸痛。铺上垫布躺着观察的话会轻松很多。

天文望远镜的使用方法

到商场或光学仪器店看看

如果想买天文望远镜，最好到商店去看看。有什么不明白的地方都可以向店员询问。

折射式天文望远镜

操作简单，适合初学者。口径6 ~ 10厘米，呈现的图像上下颠倒。

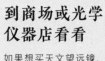

折返式天文望远镜

折射式和反射式组合在一起制作而成的天文望远镜，镜筒短，便于携带。

反射式天文望远镜

操作稍复杂，口径大的相对便宜。

固定在支架上

支架分经纬仪式和赤道式两种。经纬仪式支架是通过两个微动手轮上下左右移动来追踪星体，质量轻且操作简单，但是需要经常调节手轮。而赤道式支架只要转动微动手轮，就能追踪星体，但稍微有点重，操作也比较复杂。另外，也有利用马达自动追踪的星体赤道仪。

由于地球的自转运动，星体们进行着周日视运动。赤道仪可以配合地球自转追踪星体运动。因此，赤道仪的极轴对准北极星的方向非常重要。

观察月球表面、木星表面的纹路及木星四大卫星的运动及土星光环时，如果有天文望远镜的话，会使观察乐趣倍增。

北极星的寻找方法

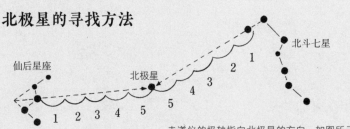

赤道仪的极轴指向北极星的方向。如图所示，北极星可以从北斗七星或仙后星座附近找到。

口径和天体的寻找方法

	50～60毫米	100毫米以上
木星	可以看到表面纹路和四大卫星	可以分清表面纹路和大红斑
火星	火星接近地球时可以看到极冠	可以清楚地看到纹路
土星	可以看到光环	可以清楚地看到光环
月球	可以看到月球地形	可以看到月球地形的细节

口径和倍率

判断天文望远镜的性能时，不是用倍率而要用口径大小来判断。口径越大能观测到的物体越明亮清晰。望远镜最容易观测的倍率是将口径用毫米来表示的数值。要增大倍率，最多只能增加到该数值的2倍，再调节增大，视野会变暗，图像也会变模糊。

用寻星器把星体放到视野中

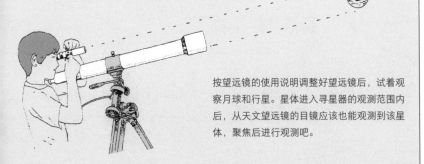

按望远镜的使用说明调整好望远镜后，试着观察月球和行星。星体进入寻星器的观测范围内后，从天文望远镜的目镜应该也能观测到该星体，聚焦后进行观测吧。

显微镜的使用方法

显微镜的种类

买显微镜时，建议到眼镜店、光学仪器店实地挑选。因为显微镜种类繁多，既有通过旋转准焦螺旋，可进行60倍、100倍、200倍倍率变更的显微镜；也有倍率虽低但能通过两个目镜立体观测的双目实体显微镜。

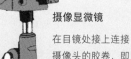

摄像显微镜

在目镜处接上连接摄像头的胶卷，即可拍摄。

显微镜

该显微镜可通过旋转旋钮调节倍率。

双目实体显微镜

该显微镜可以进行立体观测，因此适合观测昆虫的躯体。倍率大概在10～60倍之间。

户外也可使用的实体显微镜

与双目实体显微镜相同，该显微镜可以从头部提起，方便携带。

一边观察一边记录

一边用左眼观察显微镜内的物体，一边用右眼进行记录。

观察花粉、结晶和小昆虫等都要使用显微镜。你能接触到的显微镜除了普通的显微镜外，还有能够进行立体观测的双目实体显微镜。

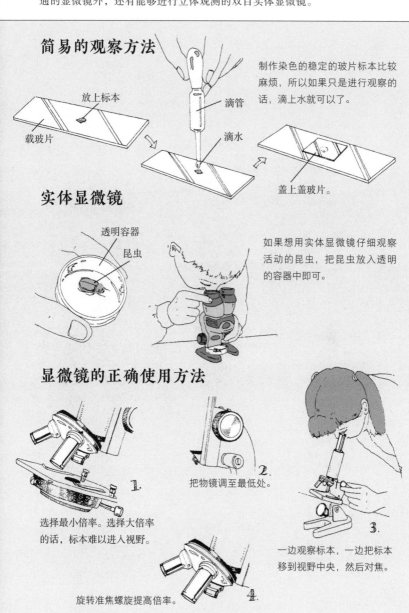

简易的观察方法

放上标本

载玻片

滴管

滴水

盖上盖玻片。

制作染色的稳定的玻片标本比较麻烦，所以如果只是进行观察的话，滴上水就可以了。

实体显微镜

透明容器

昆虫

如果想用实体显微镜仔细观察活动的昆虫，把昆虫放入透明的容器中即可。

显微镜的正确使用方法

1.

选择最小倍率。选择大倍率的话，标本难以进入视野。

2.

把物镜调至最低处。

3.

一边观察标本，一边把标本移到视野中央，然后对焦。

4.

旋转准焦螺旋提高倍率。

器具、用具的使用方法

平底盘或用于装需要观察的生物或被用作解剖盘，用厨房的平底盘就足够了。

平底盘

铝制的调味品收纳盘

烧杯

用于盛装观察用的生物，或测量药量、溶解药物等。一般容量是 50 ~ 1000 毫升。玻璃材质的较贵，塑料材质的则较便宜。

培养皿

用于虫子的饲养和观察、植物种子的发芽和霉菌的繁殖实验等。聚乙烯材料或聚甲基戊烯材质的培养皿比较便宜。

量杯

有 100 ~ 2000 毫升容量的规格。材质为塑料，带有把手，便于使用，料理用的计量杯就足够了。

酒精灯

作为燃料的酒精很容易起火，所以要小心使用。

利用家中现有的物品做趣味实验的器具或用具吧。如果必须用到专业器具，可以到文具店或药店寻找。

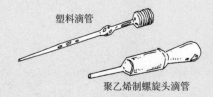

塑料滴管

聚乙烯制螺旋头滴管

滴管

有玻璃材质，也有聚乙烯材质。练字时使用的滴管也可以。

滤纸

用于过滤泥水或干燥植物标本，直径为55 ~ 240毫米。也可以使用咖啡过滤纸。

石蕊试纸

可以检测液体的酸碱性。检测固体的酸碱性时，可将石蕊试纸用水浸湿后再检测。

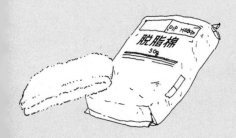

脱脂棉

整理标本或蘸取杀虫剂时使用。

药品的使用方法

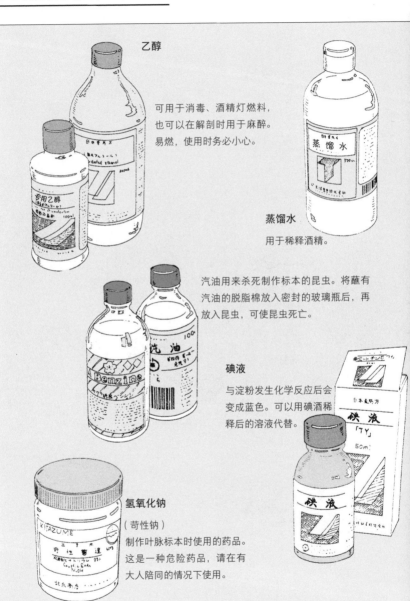

乙醇

可用于消毒、酒精灯燃料，也可以在解剖时用于麻醉。易燃，使用时务必小心。

蒸馏水

用于稀释酒精。

汽油用来杀死制作标本的昆虫。将蘸有汽油的脱脂棉放入密封的玻璃瓶后，再放入昆虫，可使昆虫死亡。

碘液

与淀粉发生化学反应后会变成蓝色。可以用碘酒稀释后的溶液代替。

氢氧化钠

（苛性钠）
制作叶脉标本时使用的药品。这是一种危险药品，请在有大人陪同的情况下使用。

这里介绍的药品大部分都要从药店购买。但是其中也有些药品是只卖给成人的危险药品，所以买之前要征得家长同意。

樟脑丸·除虫剂

用于昆虫标本、植物标本
的防虫。

硅胶干燥剂

用于干燥昆虫标本、植物
标本和海藻标本。

小苏打

（碳酸氢钠）
用于除去坚果的苦味。

氯离子中和剂

饲养淡水鱼时，可以用氯
离子中和剂中和自来水中
的氯元素。

干冰

用于降低生物体温以便观察它们的活动。干冰会导致冻
伤，请不要用手直接拿取。可以去超市的服务台让工作
人员帮忙切开。

温度的测量方法

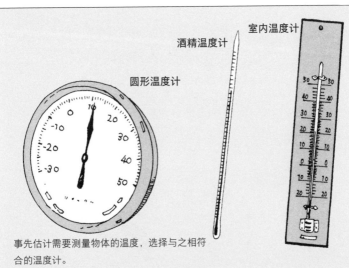

室内温度计

酒精温度计

圆形温度计

事先估计需要测量物体的温度，选择与之相符合的温度计。

正确的位置

位置太高

位置太低

注意测量方法

读取温度时，眼睛位置要和刻度保持水平，才能读出精确的刻度。

22.5度　　23度

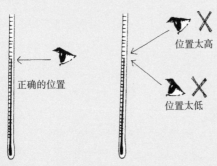

相差0.5度

使用多个温度计

不同温度计之间有刻度标准偏差，所以同时使用多个温度计测量温度时，可以选择其中一个作为标准，纠正其他温度计的误差。

测量气温时，用室内温度计就足够了。但是测量水温或热水温度时，有温度计的话会方便很多。使用温度计时，请先考察清楚该温度计的测量范围。

测量气温

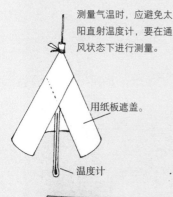

测量气温时，应避免太阳直射温度计，要在通风状态下进行测量。

用纸板遮盖。

温度计

5厘米

测量近地面温度

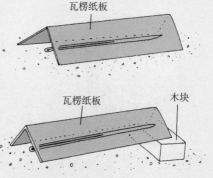

瓦楞纸板

瓦楞纸板

木块

测量近地面温度时，可以把温度计放置在地面上，或靠在木块上。无论哪种方法都要用瓦楞纸板遮盖住温度计。

测量地下温度

用纸箱等物体盖住温度计，避免阳光直射。

测量一天的平均气温

测量一天的平均气温时，需要在上午9点于离地面1.2～1.5米高处安装温度计。注意避免温度计受阳光直射。

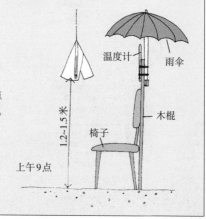

温度计

雨伞

1.2～1.5米

木棍

椅子

上午9点

重量和容积的测量方法

使用与物体重量相符的秤

按秤的单位刻度、最大
称重量和功能选择。

食物秤

可以测量出重量为100～200克
的物体。

台秤

有从1千克到20千克各
种规格的台秤。

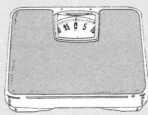

体重计

适合称量质量较重
的物体。

测量活的生物或难以测量的物质

容器   活昆虫

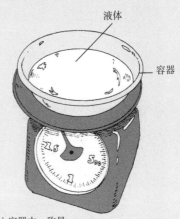

液体

容器

要称量活的生物或液体时，可先将被测物装入容器中，称量
出总重量后，减去容器重量即可。

要使用与物体质量相符的秤进行称量。另外，只要开动脑筋，难以称量的物体也能准确称出来。称重时，建议使用家中现有的工具。

称量质量很轻的物体

物体质量过轻时，秤上的指针无法转动。这种情况可以收集几十个相同物体称量，用总重量除以个数，就能得到单个物体重量。

$$\frac{总重量}{总个数} = 单个物体重量$$

自制天平秤

天平秤价格高昂。我们可以用纸杯和一次性筷子自制天平秤，并用1克的物件和4克的物件代替砝码。

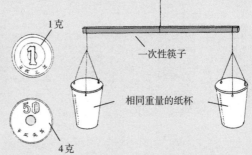

1克

一次性筷子

相同重量的纸杯

4克

测量容积

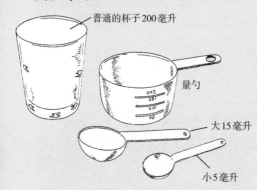

普通的杯子200毫升

量勺

大15毫升

小5毫升

利用厨房里的量杯和计量勺就能轻松地测量出容积。

长度的测量方法

这样的刻度尺很方便

在户外要选择可收纳的刻度尺。

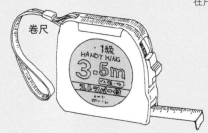

卷尺

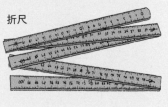

折尺

测量长距离和水的深度

将石头绑在绳子一端，用来压重物。

宽边塑料行李打包绳

使用塑料打包绳自制刻度尺。

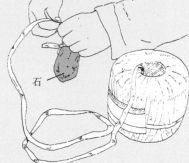

石

油性笔

卷尺

做成卷尺的话，需要用油性笔在塑料绳上每隔50厘米画上记号。

测量水的深度

测量距离

卷尺或折尺这类可收纳的刻度尺，很方便在户外使用。不易测量的物品或超出量程的物品，要自己开动脑筋想办法。

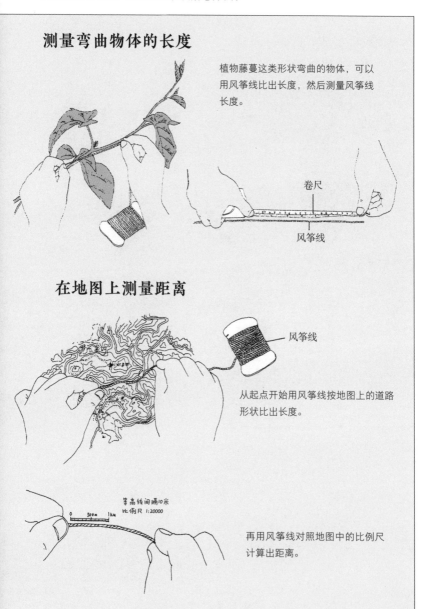

测量弯曲物体的长度

植物藤蔓这类形状弯曲的物体，可以用风筝线比出长度，然后测量风筝线长度。

卷尺

风筝线

在地图上测量距离

风筝线

从起点开始用风筝线按地图上的道路形状比出长度。

等高线间隔10米
比例尺 1:20000

再用风筝线对照地图中的比例尺计算出距离。

面积和体积的测量方法

形状不规则物体的面积

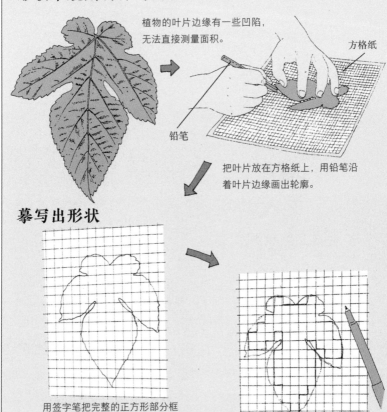

植物的叶片边缘有一些凹陷，无法直接测量面积。

方格纸

铅笔

把叶片放在方格纸上，用铅笔沿着叶片边缘画出轮廓。

摹写出形状

用签字笔把完整的正方形部分框出来，数出正方形（1平方厘米）个数，数出的个数即是面积值。

无法形成完整正方形的部分，按正方形面积的1/2、1/3、4/5等进行分类。2个1/2、3个1/3的格子都可以组成1平方厘米，用这样的方法计算出的面积加上完整的正方形的面积就可以得到整片叶子的总面积。

1/3

1/2

无法用学校学到的方法测量出形状不规则物体的面积和体积。这种情况要开动脑筋，利用方格纸或将物体放入水中等方法进行测量。

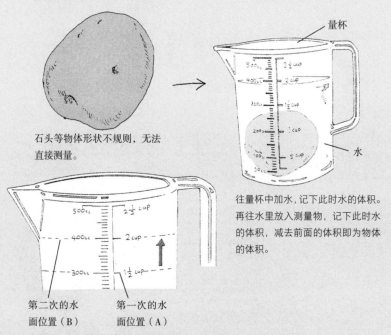

不规则物体的体积

石头等物体形状不规则，无法直接测量。

往量杯中加水，记下此时水的体积。再往水里放入测物，记下此时水的体积，减去前面的体积即为物体的体积。

第二次的水面位置（B）　　第一次的水面位置（A）

B的刻度 – A的刻度 = 物体加入后的体积 = 物体体积

钢丝

会上浮的物体

放入水中会上浮的物体的体积，可以用钢丝捆绑后放入水中，也可以和砝码等捆绑在一起放入水中后测量，减去砝码的体积就是测量物的体积。

测量时间

利用家里的钟表

不用准备特殊的钟表。检查家里的钟表，也许就能找到带有秒表功能的手表了。

座钟

手表

计时器

可以倒计时。

附带秒表功能的手表

有些电子表附带秒表功能。

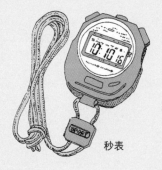

秒表

倒计时

例如：叶脉标本制作实验中，叶片需煮10分钟，使用计时器就能较好地掌握时间。

在观察和实验中经常需要测量时间，这时候建议使用家里的钟表。用秒表看时间很方便，而且便宜的秒表也有很多。

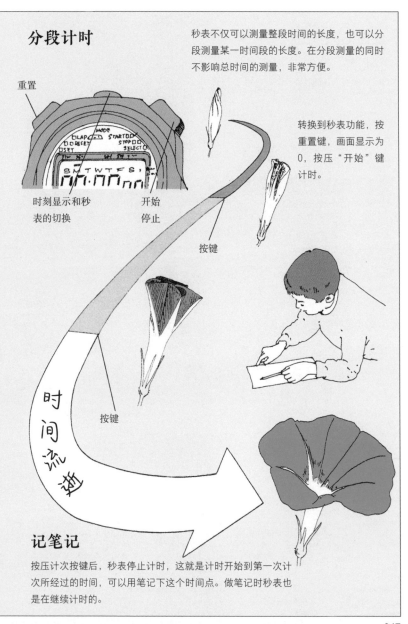

分段计时

秒表不仅可以测量整段时间的长度，也可以分段测量某一时间段的长度。在分段测量的同时不影响总时间的测量，非常方便。

重置

时刻显示和秒表的切换

开始
停止

按键

转换到秒表功能，按重置键，画面显示为0，按压"开始"键计时。

时间流逝

按键

记笔记

按压计次按键后，秒表停止计时，这就是计时开始到第一次计次所经过的时间，可以用笔记下这个时间点。做笔记时秒表也是在继续计时的。

利用身体进行测量的方法

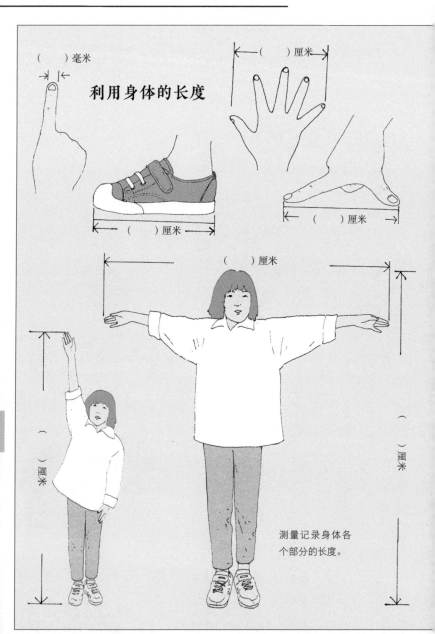

（　　）毫米

利用身体的长度

（　　）厘米

（　　）厘米

（　　）厘米

（　　）厘米

（　　）厘米

（　　）厘米

测量记录身体各个部分的长度。

需要测量某一长度或距离，身边却没有测量工具时，我们可以用自己的身体进行测量。

10 步是几米？

10步

（　　）米

测量记录走10步的距离，反复进行5次，取平均值。实际距离可以用以下公式计算：

$$实际距离 = 10步的距离 \times \frac{实际步数}{10}$$

100 米大概是多长

感受一下操场上100米的距离后，在无法测量的情况下也能推测出大致长度。

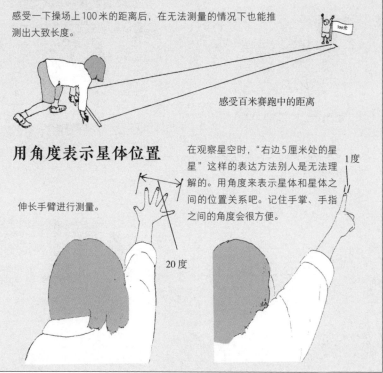

感受百米赛跑中的距离

用角度表示星体位置

伸长手臂进行测量。

在观察星空时，"右边5厘米处的星星"这样的表达方法别人是无法理解的。用角度来表示星体和星体之间的位置关系吧。记住手掌、手指之间的角度会很方便。

1度

20度

地图的使用方法

街区地图

如果需要用到自家周边的地图或某个区域内的地图，可以利用城市地图或住宅地图。

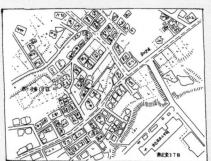

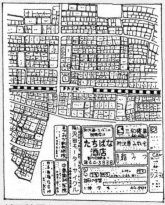

住宅地图 上面写有各个楼房的名称，可以复印使用。

城区地图

地图周边登有店铺广告。

住宅显示地图

通常立在街口。可以拍照或画在素描纸上。

复印地图

图书馆的资料室内有全国地图和地区地图。填写完复印申请表后，就可以复印了。

图书馆资料室

复印机

趣味实验的总结阶段有时候需要用到地图。利用家中或图书馆资料室的街区地图、轮廓地图、地形图等，会使实验整理更加方便。

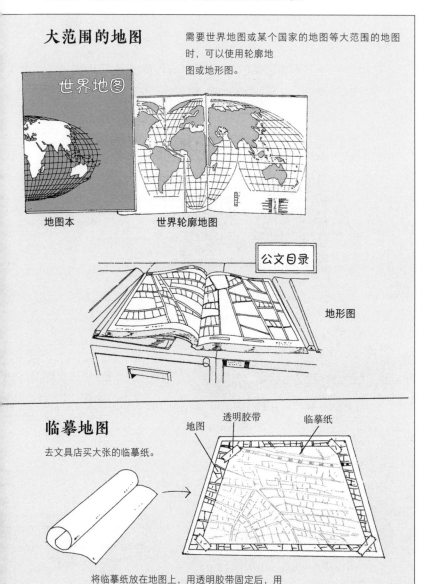

大范围的地图

需要世界地图或某个国家的地图等大范围的地图时，可以使用轮廓地图或地形图。

地图本

世界轮廓地图

公文目录

地形图

临摹地图

去文具店买大张的临摹纸。

地图　透明胶带　临摹纸

将临摹纸放在地图上，用透明胶带固定后，用铅笔临摹。

地图的画法

构图

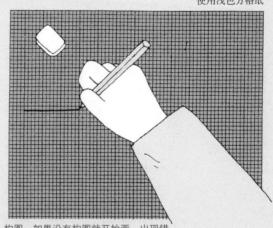

使用浅色方格纸

构图。如果没有构图就开始画，出现错误会很难修改。

粗略画出街道

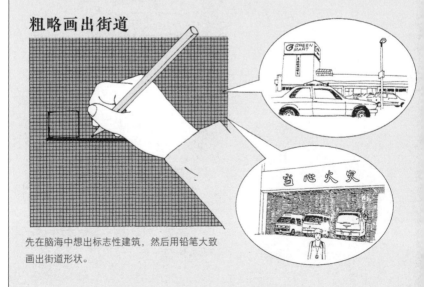

先在脑海中想出标志性建筑，然后用铅笔大致画出街道形状。

自己绘制地图时，要从构图开始。先用铅笔轻轻地打草稿，再用签字笔描一遍，这样就能避免画错。

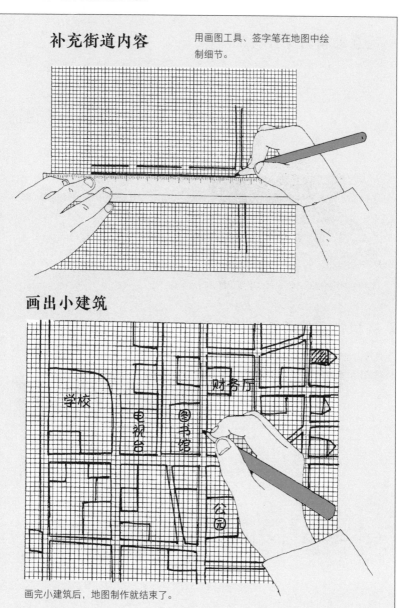

补充街道内容

用画图工具、签字笔在地图中绘制细节。

画出小建筑

学校
财务厅
电视台
图书馆
公园

画完小建筑后，地图制作就结束了。

个体的识别方法

注意动物的身体特征

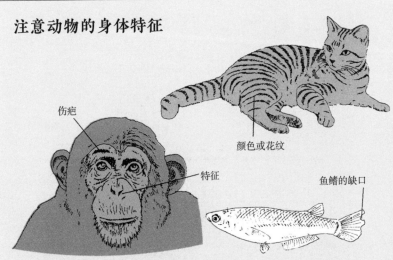

伤疤

特征

颜色或花纹

鱼鳍的缺口

同类动物个体很难分别，可以根据花纹、伤疤等来辨认。

在植物上挂长纸条或便签

从中间竖着撕开长纸条，并写上记号。用撕开部分把长纸条挂在要做记号的植物的叶子等处。

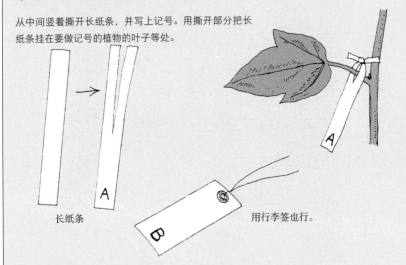

长纸条

A

B

用行李签也行。

观察一个群体中的个体、观察树林中的一株植物或一片叶子时，要想办法做到快速识别被观察对象。

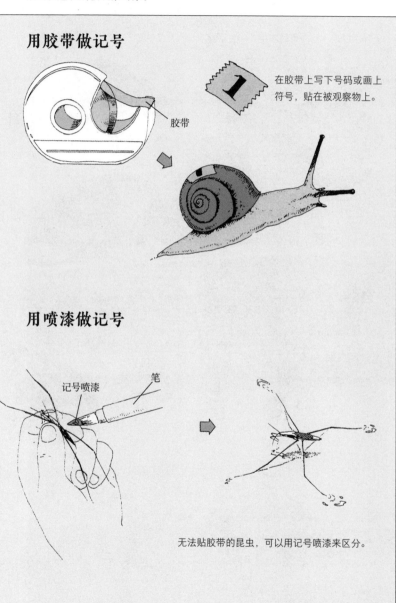

用胶带做记号

胶带

在胶带上写下号码或画上符号，贴在被观察物上。

用喷漆做记号

记号喷漆　笔

无法贴胶带的昆虫，可以用记号喷漆来区分。

危险的动植物

①伤人的动作·有毒的部位　②主要症状　☆危及生命

山野动物

花斑蛇

①咬。

②肿胀、剧痛。

虎斑游蛇

①咬。蛇颈附近会喷出毒液。

②出血。毒液溅入眼睛后可能会导致失明。

波布蛇☆

①咬。

②肿胀、剧痛、呕吐。

蟾蜍

①从头后部分泌毒液。

②毒液进到嘴巴或眼睛
会有炎症。

日本猕猴

①抓、挠。

②伤疤。

野狗

①咬。

②伤疤。

有的动物或植物带刺或有毒,十分危险。不要随便靠近或触摸不认识的生物。

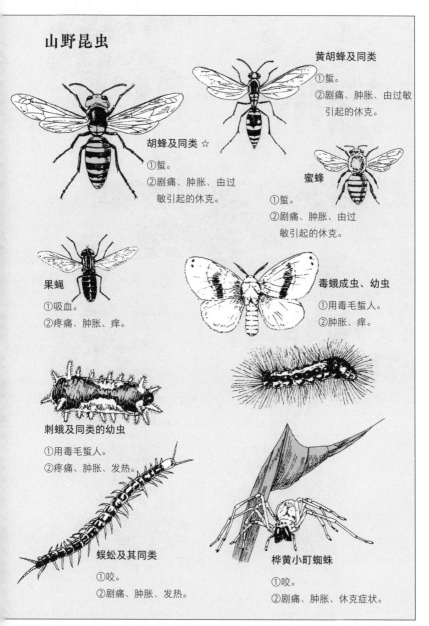

山野昆虫

黄胡蜂及同类

①蜇。

②剧痛、肿胀、由过敏
引起的休克。

胡蜂及同类☆

①蜇。

②剧痛、肿胀、由过
敏引起的休克。

蜜蜂

①蜇。

②剧痛、肿胀、由过
敏引起的休克。

果蝇

①吸血。

②疼痛、肿胀、痒。

毒蛾成虫、幼虫

①用毒毛蜇人。

②肿胀、痒。

刺蛾及同类的幼虫

①用毒毛蜇人。

②疼痛、肿胀、发热。

蜈蚣及其同类

①咬。

②剧痛、肿胀、发热。

桦黄小町蜘蛛

①咬。

②剧痛、肿胀、休克症状。

山野植物

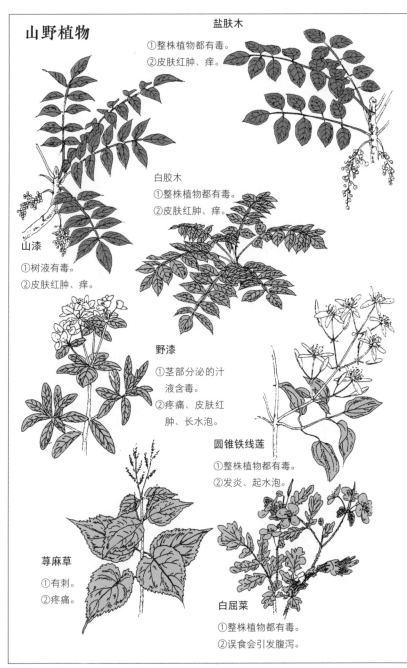

盐肤木
①整株植物都有毒。
②皮肤红肿、痒。

白胶木
①整株植物都有毒。
②皮肤红肿、痒。

山漆
①树液有毒。
②皮肤红肿、痒。

野漆
①茎部分泌的汁液含毒。
②疼痛、皮肤红肿、长水泡。

圆锥铁线莲
①整株植物都有毒。
②发炎、起水泡。

荨麻草
①有刺。
②疼痛。

白屈菜
①整株植物都有毒。
②误食会引发腹泻。

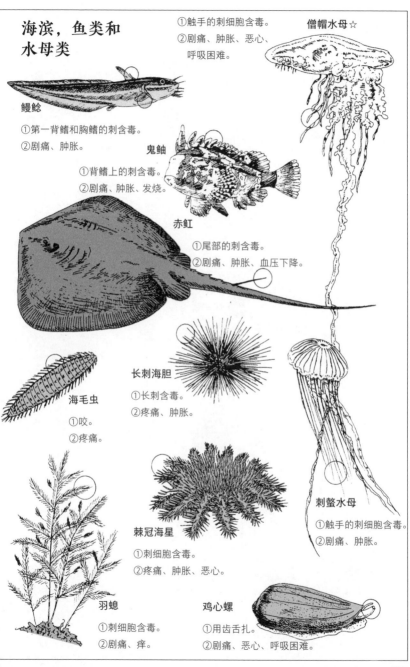

海滨，鱼类和水母类

鳗鲇

①第一背鳍和胸鳍的刺含毒。
②剧痛、肿胀。

①触手的刺细胞含毒。
②剧痛、肿胀、恶心、呼吸困难。

僧帽水母☆

鬼鲉

①背鳍上的刺含毒。
②剧痛、肿胀、发烧。

赤虹

①尾部的刺含毒。
②剧痛、肿胀、血压下降。

海毛虫

①咬。
②疼痛。

长刺海胆

①长刺含毒。
②疼痛、肿胀。

棘冠海星

①刺细胞含毒。
②疼痛、肿胀、恶心。

刺螫水母

①触手的刺细胞含毒。
②剧痛、肿胀。

羽螅

①刺细胞含毒。
②剧痛、痒。

鸡心螺

①用齿舌扎。
②剧痛、恶心、呼吸困难。

急救处理

症状严重时，打电话给120

被威胁生命的生物刺伤时或症状严重时，不能犹豫，要马上拨打120。

什么事故

告诉救援人员是什么事故。

症状

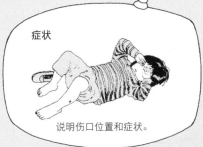

说明伤口位置和症状。

地址

告诉对方事故发生的地点。

蛇 保持冷静，立刻拨120。

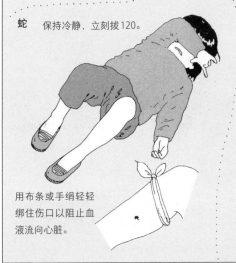

用布条或手绢轻轻绑住伤口以阻止血液流向心脏。

蟾蜍 用水冲洗。涂抹含有抗组胺剂的药膏。

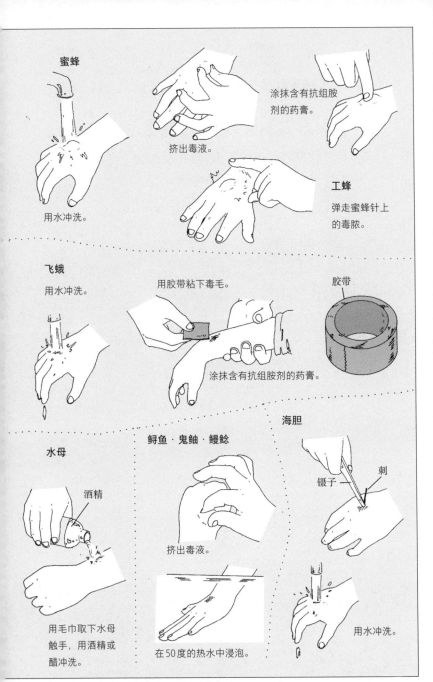

蜜蜂

用水冲洗。

挤出毒液。

涂抹含有抗组胺剂的药膏。

工蜂

弹走蜜蜂针上的毒脓。

飞蛾

用水冲洗。

用胶带粘下毒毛。

涂抹含有抗组胺剂的药膏。

胶带

水母

酒精

用毛巾取下水母触手，用酒精或醋冲洗。

鲈鱼·鬼鲉·鳗鲶

挤出毒液。

在50度的热水中浸泡。

海胆

镊子

刺

用水冲洗。

361

需要实验或观察器具时

选择本书中不需要特殊器具，用家里的器具也能进行的课题。药品类材料请到家附近的药店询问。如果店里没有想购买的药品，可以利用贴在其他药品上的联系方式与厂家取得联系。

资　料

观察或实验的记录　小学低年级

自行车灯的秘密

观察蜗牛

豆腐实验

甲虫喜欢的食物

蔬菜和水果的种子

不同纸张吸水能力的差别

花草的敲拓染

肥皂泡的研究

研究砂砾和土壤

制作酸奶

树皮图鉴

球体弹跳方式的考察

观察金鱼

纸张的形状和硬度考察

纸飞机的叠法

灰尘溶解方法的研究

天空的图像日记

水的浮力

水中的重量

紫甘蓝的颜色

种植在垃圾土中的牵牛花能开花吗？

含羞草的研究

改变室温的方法

心脏的跳动和呼吸的频率

蚂蚁喜欢的食物

水温的研究

考察住宅附近土壤的酸度

观察海风

观察鱼鳞

如何防止苹果变色？

寻找融化的物质

植物移动了

帽子的清凉度和保温度

我喜欢的甲虫的一生

我像谁呢？

为什么红茶的颜色会变？

鬼面蜘蛛

流经我家的河流

挑战制作梅干

加热水的方法

制作纸张

太阳光的实验

彩色纸的晒干

培育木槿植物

漂浮物和沉淀物

颜色的各种实验

不同颜色引起的水温变化

太阳能汽车速度的考察

潮虫巢穴的研究

制作电池

植物在任何液体中都会发芽吗？

庭院里的花草颜色

食盐的奥秘

我制作的小船

指纹的研究

蝌蚪变为青蛙之前

蝉的羽化

考察空气中的悬浮物

夏季的花

我的花草游戏

毛巾"小便"了

夏天为什么要撑白色的阳伞呢？

牵牛花和昆虫

有趣的烤墨纸

不同土壤的排水差异

观察霉菌

我和我父亲的体温

天气预报有多准

种子数量的考察

研究水槽附近的生物

观察或实验的记录　小学中年级

有趣的制冰法

庭院里的毛毛虫

热气球实验

豆腐为什么会浮起来？

模拟地震

花粉的研究

柠檬电池的研究

区分雌性锹形虫的方法

寻找通电的物体

考察住宅附近的花草

太阳和水温的关系

考察从海水中提取的盐分

研究气温和水温的关系

水桶田中的稻苗种植

易吸收水分和不易吸收水分的物体

各式各样的电池

考察家中的垃圾及灰尘

花朵的变色原理

观察鱼嘴

可使风铃响的小挂件的形状和大小

制作大肥皂泡

液体结冰和融化

制作美味的水煮蛋

面食长度的变化

考察各种水

使洗澡水早点沸腾

区分白开水、白糖水和盐水

不同纸张对水和油的吸收能力

树叶吸收的水量

蔬菜和水果汁液的颜色

好喝的茶的温度

酸雨对植物的影响

蛋的沉浮

研究夏季降低车内温度的方法

制作夏季温泉

插花的保鲜方法

怎么培育水田

太阳能实验

能溶于水的物质／不能溶于水的物质

考察纸张性质

布料的晒干方法

观察大豆和小豆发芽

水果发芽

观察蜂窝

附近的药草

点心的色素研究

用牵牛花检验酸性

谁胖谁瘦

研究飞得远的纸飞机

研究骨头的分解

研究蜗牛爬行

花蛤如何吐沙？

对比五个地方的土壤

马缨花的睡眠秘密

净水实验

对比白糖和食盐

研究霉菌

植物有智慧吗？

试着考察饮用水的盐分

寄居蟹如何选择寄主？

青凤蝶和楠树

研究不倒翁

制作凉粉

云的形状

考察物体的溶解量

河水干净吗？河流中的生物

水蒸发的各种研究

制作肥皂

研究鱼类的食物

鸟在院子里筑巢

研究聚集在光下的昆虫

可以用蔬菜制作纸张吗？

观察或实验的记录　小学高年级

维生素C的研究和性质

试着制作结晶体

植物吸收水分的方法

考察苹果的变色

为什么有电呢?

食物中含有的淀粉考察

植物的气味能除菌吗?

食品的色素

纸张的折叠方法和硬度

水的性质和味道

汽车尾气对植物的影响

使冰不融化的办法

植物花茎的生长和凋谢

各种蜡烛实验

研究风铃的音色

家庭用水对植物的影响

制作云朵

厨房中的化学

叶子的排水能力

考察饮料的糖分

为什么物体会浮于水面?

嘴巴反复咀嚼的动物与不咀嚼的动物

我所在的城市的空气污染程度

不同纸张对液体的吸附力

用显微镜观察霉菌

蛋、壳和骨头的溶解方法

通过松树叶子了解空气质量

可以让鱼生活的水量

关于台风

通过植物思考环境问题

身边的酸碱性研究

麻雀的捕食活动

关于蛋类沉浮的研究

制作大肥皂泡

考察视频中的放射线含量

琼脂培养实验的观察日记

酸碱性引起的植物颜色变化

研究霉菌的神奇之处

对身体有益或有害的水

萝卜切片的作用

小蝴蝶和气候

洗涤剂的研究

为什么会冷?

纸张张力

气温变化和蔬菜的价格

海水流向哪里?

确认花汁和叶汁的性质

检测各种水的pH值

食物的味道和面包的菌

研究榉树叶

减少自来水中氯离子的方法

自来水安全又好喝吗?

研究日历

翅膀和张力

面对危机的地球

考察液体的传递方式

研究蚯蚓

考察毛线的染料

洋葱为什么会让眼睛流泪?

西瓜的生长和收获

团子虫的研究

植物水分和养分的通道

水和油真的不相容吗?

家人脉搏的不同

用身边的植物防霉

蚂蚁的路标和位置记忆

研究美味豆腐的制作方法

研究保持蔬菜新鲜度的报纸

观察或实验的记录　中学

电灯的照明测定和照明仪器的制作	月圆月缺的样子
瓢虫花纹的研究	研究紫外线的防御
不纯物体对结晶体的影响	用浮萍检测水质
洗涤剂对植物发芽的影响	研究团扇的形状
树木的冷却作用	食物中的添加物
喝乌龙茶能减肥？	关于去污方法
天气变化和天气预报	发光细菌的培养
用碘酒检测食物	森林对大气的影响
夏季观察蘑菇	琼脂的凝固方法
自制石蕊溶液	考察植物的吸水量
身边的环境污染	探索番茄汁的作用
肥皂泡的秘密	研究如何让插花保持生命力
浮游植物的光合作用	气温和地面温度的关系
食盐水和电灯的研究	制作透明的冰块
研究市售的食物色素	鼻涕虫的研究
盐的浓度和浮力	自制电话
研究腌菜	出水口实验
桥梁形状和坚固程度	清凉饮料的糖分对牙齿的影响
研究铁锈	如何使蔬菜保鲜？
不同海域的海水和泥沙比较	氧化实验
水泥的凝固	蛋白的起泡性
氧化和还原反应的研究	不同颜色对太阳热能吸收力的差异
植物和废气	云朵和天气的研究
清洁的科学——关于去污的研究	我家的客人
研究所在城市的市树	用琼脂进行电解
研究植物种子的飞行	研究风媒种子
制作简单的发电机	鱼糕、肉糕的淀粉含量研究
狮蚁的研究	研究水污染图
市中心的变化和气温的关系	"谁都能做出来"的肥皂制作
研究金鱼的呼吸	考察衣服是否保暖
研究青鳉鱼能适应的环境	天气预报和实际的天气
随着海岸地形变化的泥沙变化	蝴蝶的鳞片
叶子的排水力	夜光涂料的秘密
研究如何防止苹果变色？	用自制的过滤装置净化水溶液
爆米花的秘密	河流的污染程度和周围的环境
考察香料的杀菌效果	矿泉水和自来水的区别
关于蜡烛的疑问和试验	果冻的凝固方法和果汁的成分

蝶类的出现时期和气候的关系

生奶油和脂肪的研究

考察牛奶的鲜度

地衣类植物和二氧化硫污染

沙土的液状化现象

用野草制作的简易玩具

团子虫的蜷缩方式

近年来各地地震灾害统计

牵牛花的开花时间

制作古地图

夏季的异常现象记录

研究使瓶中水分蒸发的方法

烟草和信纳水的危害

植物根须为什么向下伸长？

海拔不同树木种类也不同

研究如何防止煮沸溢出？

泥石流发生的原因

肥皂泡的大小和膜的厚度

走马灯

布的吸水性和吸油性实验

夏季的花粉

为什么金属是冰凉的，木头是暖和的？

研究蛀牙

气压变化引起的声音变化

污水处理引起的生物变化

神秘的篝火

快门速度和镜头的拉伸

米糠洁净能力的实验

研究食品中附着的细菌

从甲虫的变化看都市化的影响

使用农药和不使用农药的蔬菜

木炭的秘密

指甲的生长

钓鱼场所的水质考察

研究蝉的叫声和出现时间

梅干为什么是红色的？

饲养金鱼时残留氯元素的去除方法

饲养从鸟巢中掉落的鸟

研究诱饵

作为防风林的杉树的年轮

食虫植物的食物

研究摩擦力的大小

观察美国小龙虾的卵

研究房子的建造方法

茅草屋顶为什么不会漏水？

沸腾实验

不同材质的不同隔音效果

皮肤感觉的神奇之处

荞麦粉和小麦粉的性质

研究钟乳石

天上的水果然是"天水"吗？

蜘蛛的栖息方式和脚的功能

灯光微暗时为什么蓝色更显眼？

噪音

松果的开合规律和结构

用废弃材料做成的纸张

扑往路灯的飞蛾

清凉饮品的鱼骨溶解方法

从指纹、足纹研究遗传物质

观察一天中聚集在院子里的野鸟

研究竖直扔纸张的方法

塑料瓶对环境的影响

生物、岩石、化石等的标本种类

小学低年级

昆虫标本

今年夏天抓到的昆虫的标本

甲虫和它们的朋友

大量的蝉

我遇到的昆虫

夏季昆虫

在公园抓到的昆虫的标本

蝉蜕标本

在海边找到的昆虫

甲虫标本

蛇蜕下来的皮

收集住宅附近的花草

小学校园里的杂草

夏季的植物

摹拓叶片

我家庭院开的花

路边的植物地图

可以在爷爷家田里找到的东西

奶奶家周围被烧了的草

各种各样的花

各种各样的种子

花草的纹路

干花

种子图鉴

海藻标本

观察海边礁石

贝类标本

贝壳花纹——蚬贝和花蛤

收集化石

暑假收集的各种各样的化石

用石头制作的人物模型

在海滩打孔针

小学中年级

昆虫标本

蜻蜓标本

甲虫标本

锹形虫标本

养育蝴蝶和制作蝴蝶标本

蜘蛛

蝴蝶标本

蜂巢标本

扑往高速道路路灯的飞蛾

植物采集

空地上的植物

野生花草

沙地上的植物

药草的干花

蘑菇标本

收集坚果

我家附近的花草

公园或空地上找到的花草

上学路上的野生花草标本

在河岸边找到的花草

我家庭院的植物图鉴

贝类标本

寻找海边的宝贝

海草标本

岩石标本

三角洲处的地形和泥沙

土壤标本

在仙台附近找到的化石

考察河中的石头

矿物标本

石头的研究

植物化石

小学高年级

昆虫采集

甲虫标本

本市的蜻蜓

螳螂蜕壳

在本市抓到的昆虫

蜘蛛的研究

水生昆虫标本

淡水鱼标本

鱼骨标本

海岸边的贝类

研究贝类标本

河口和河岸

海藻标本

植物标本

庭院中的树木截面图和标本

庭院中花草的干花

考察夏季杂草

海边的植物采集

山上的野草

湿地、沼泽、田里的植物

药草标本

可以食用的花草

院子里的花草考察

蘑菇标本

化石和各种各样的石头

采集贝类化石

被地表层分割的海的记忆

我的城镇附近的化石

采集对比河流、海洋、湖泊的泥沙和石子

中学

本市的蝴蝶

昆虫标本

水中的生物

身边的蜘蛛

本市的蕨类植物分布和环境

院子里的药用植物和有用植物

花茶、草药、毒草

叶脉标本的制作

学校周围的植物标本

水田中的植物采集

蕨类植物标本

海边的植物、山里的植物

院子中野草的比较研究

各种形状的叶子

河边的植物采集

本地的植物标本

身边的归化植物

海藻

北方贝类和南方贝类的区别

家鸡的骨骼标本

在本市采集的石头

化石

脊椎动物化石

掉落在河滩的岩石

岩石、矿物来源

海岸地形的变化和泥沙、岩石变化

紫水晶和金属矿物质

贝类的化石标本

鱼拓图鉴

城镇或家中的课题

在城镇中边走边看，或者环视家中情况，你会发现可研究的课题有很多，但还需要掌握几个诀窍。

在日本名古屋市有一个二十多年来坚持观察自己身边的生活、风俗并记录下来的组织。他们总结了课题研究的几个窍门：①保持好奇心；②分种类制作卡片；③每

在家中或学校

研究配餐的菜单（按ABC给喜欢或不喜欢的菜单排名）

考察其他学校的配餐（有差别吗？）

考察铅笔盒（有多少支笔？笔削成什么样子？）

年级、性别不同，喜欢的游戏也不同（游戏的种类也要考察）

比较小孩的房间（使用方便性的比较）

考察所带物品（自己到底带了什么东西，全部写下来）

这个月买的东西（考察零花钱手账）

零钱考察（为什么拿那些钱，钱花哪儿了？）

发型的考察（学年不同发型也会不同吗？别的学校情况如何？）

我家的鞋子大考察（家庭成员分别有多少双鞋）

考察T恤花纹（把图案分类）

考察玩具箱（请朋友给你看他的玩具）

考察全班同学的鞋子品牌（有没有鞋带，是什么颜色？）

长大后想从事什么职业？（考察不同年级的差异）

考察喜欢的明星（也要统计理由）

我的小时候（成长记录）

记录早餐菜单（面包和米饭的比例）

记录晚餐菜单（喜欢吃的点心的变化和食量的变化）

什么时候晚餐吃咖喱饭？（一个月几次？记录日期）

考察如何度过休息日（也考察朋友的情况）

考察喜欢的食物（男女的喜好差别）

看电视的时间和喜欢的节目

考察校规（和其他学校对比）

考察郊游、修学旅行（和其他学校、其他市对比）

考察餐具的数量（有用的餐具和没用的餐具）

研究闲置品（考察好几年都不用的物品）

一个月大概吃多少东西（每天记录计算）

冰箱里的商品（考察时间不同引起的变化）

考察家中手表数量（和朋友家进行比较）

个种类采集多个样本；④总结由数量和日期不同造成的差别；⑤持续观察一个地点；⑥在地图上画出目标物发现地并制作分布图。

这些窍门同样适用于以自然为课题的研究。而以你居住的城镇和你的家为课题进行研究的研究人员，也许世界上只有你一个。

城镇中

咖喱饭和使用咖喱制作的食品（也要考察不同店咖喱的添加方法的差异）

鲤鱼旗和旗帜（宣传用的鲤鱼旗和普通旗帜的使用方法）

干枯的树木盆栽（各种变废为宝的植物花盆）

奶奶的衣物（拖鞋和鞋子）

店里人的围裙（可以通过围裙判断职业）

城镇中的公告栏（种类和形状）

"禁止"纸条（用词和禁止种类）

招牌（考察颜色和形状）

店面前的金属板（有显示水道、燃气的店面和没有显示的店面）

门灯（考察家里的门灯）

爱心专座（考察老人的就座率）

收件箱（报纸、邮寄品的放入方式）

路面上的口香糖（比繁华区更多的垃圾口香糖）

街道的声音（仔细倾听、考察声音的种类）

窗户（从内往外看的窗户、从外往内看的窗户）

10元店（10元能买什么东西）

早上的地铁（考察乘客的表情）

我的宝物（考察年龄不同的人宝物有什么不同）

各种灭火器、消防栓（小心用火）

停车（禁止停车的标记）

蔬菜店的陈列方法（往路边展示蔬菜）

观察荞麦面店（吃完需要多长时间，几口能吃完）

自动贩卖机分布图（考察道路两旁的自动贩卖机）

林荫树的根部（不同的种法和分布）

研究贺年卡（"新年快乐""迎春"等，哪种语句被用得最多？）

寻找足迹（水泥地上残留的足迹）

戴眼镜的人（观察路上的行人）

索　引

图书在版编目（CIP）数据

趣味实验图鉴 / (日) 有泽重雄著；(日) 月本佳代美绘；黄宝虹译 . -- 成都：四川人民出版社，2019.10（2025.1重印）

ISBN 978-7-220-11511-0

Ⅰ.①趣… Ⅱ.①有… ②月… ③黄… Ⅲ.①科学实验—少儿读物 Ⅳ.① N33-49

中国版本图书馆 CIP 数据核字 (2019) 第 146177 号

Illustrated Guide to Free Investigations
Text by SHIGEO ARISAWA
Illustrated by KAYOMI TSUKIMOTO
Text © Shigeo Arisawa 1998
Illustrations © Kayomi Tsukimoto 1998
Originally published by Fukuinkan Shoten Publishers, Inc., Tokyo,1998
under the title of JIYUKENKYU ZUKAN The simplified Chinese Language rights
arranged with Fukuinkan Shoten Publishers, Inc., Tokyo through Bardon-Chinese Media
Agency
All rights reserved
本中文简体版版权归属于银杏树下（北京）图书有限责任公司。

QUWEI SHIYAN TUJIAN

趣味实验图鉴

著　者	［日］有泽重雄
绘　者	［日］月本佳代美
译　者	黄宝虹
选题策划	后浪出版公司
出版统筹	吴兴元
编辑统筹	王　頔
特约编辑	余椹婷
责任编辑	杨　立　左惠子
装帧制造	墨白空间・张莹
营销推广	ONEBOOK
出版发行	四川人民出版社（成都三色路 238 号）
网　址	http://www.scpph.com
E - mail	scrmcbs@sina.com
印　刷	天津裕同印刷有限公司
成品尺寸	129mm × 188mm
印　张	12
字　数	277 千
版　次	2019 年 10 月第 1 版
印　次	2025 年 1 月第 6 次
书　号	978-7-220-11511-0
定　价	70.00 元

手工图鉴

著　者：[日]木内胜

绘　者：[日]木内胜　田中皓也

译　者：吴逸林

书　号：978-7-220-11382-6

页　数：384

定　价：70.00元

这是一本从零开始的手作玩具完全指南

传统玩具、创新玩具，都能自己动手做

内容简介

　　本书是专门为想自己动手制作玩具的人量身定做的指导手册，全书介绍了170余种手工玩具，不仅有经典的传统玩具，还有广受欢迎的创新玩具。根据使用的不同工具，分为剪刀、小刀、锯子等八章，每一章都详细说明了制作各种玩具所需的工具、材料、做法及玩法。同时辅以6000幅实用、精美的插画，具体说明每个玩具的制作步骤与成品图。为了方便不同程度的读者，作者还标明了每个玩具的制作难易度，让初学者也能由简入繁、循序渐进地完成挑战。

塑料瓶

（装昆虫、种子等）

棉棒盒

（装昆虫、种子、树叶等）

塑料袋

（采集植物等）

密封容器

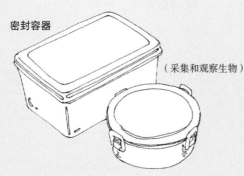

（采集和观察生物）

可以在实验或

家 庭

（观察等）

食品浅盘

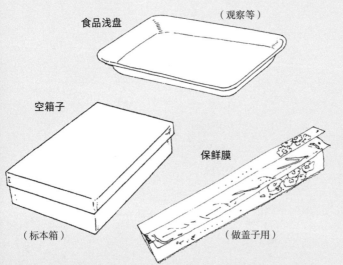

空箱子

保鲜膜

（标本箱）

（做盖子用）

温度计